Mitteilungen

der Gesellschaft für Erdkunde und Kolonialwesen zu Straßburg i. E.

[Zugleich Abteilung Straßburg der Deutschen Kolonialgesellschaft]

für das Jahr 1914.

Fünftes Heft.

Mit 26 Abbildungen und 13 Tafeln.

Straßburg
Verlag von Karl J. Trübner
1916.

Druck von M. DuMont Schauberg, Straßburg.

Inhalt.

Die Nadelhölzer Elsass-Lothringens.

Von Ernst H. L. Krause.

Die folgenden Seiten geben eine Übersicht darüber, wie die einzelnen Arten des Nadelholzes gegenwärtig in Elsaß-Lothringen verbreitet sind, und wie sich diese Verbreitung entwickelt hat. Arten, die im Walde oder auf offenem Felde stehen, sind auch dann miterörtert, wenn sie nur ganz vereinzelt vorkommen. Dagegen sind von den viel zahlreicheren Sippen, die nur in gärtnerisch gepflegten Anlagen gezogen werden, nur diejenigen erwähnt, deren Gedeihen oder Nichtgedeihen einen Maßstab abgeben kann für den Vergleich unseres Klimas mit dem der Nachbarländer.

Die Nadelhölzer heißen nach ihren häufigsten und bekanntesten Vertretern, bei denen die grünen Blätter zu harten, stechend spitzen Stielen rückgebildet sind. Aber der primitivste Vertreter der Sippe, Ginkgo, hat richtige Laubblätter, sogar sommergrüne. Und mehrere andere altertümlich anmutende Formen, wie Sumpfzypresse und Lärche, haben zwar nadelförmige, aber weiche und nur sommergrüne Blattorgane, während der fast vorsintflutlich anmutende Mammutbaum nebst der Zypresse, Lebensbaum und anderen nicht einmal mehr Nadeln, sondern nur noch schuppenförmige Ansätze zu Blättern trägt. Wenn man spitzfindig sein will, kann man in dem Namen Nadelholz das Hauptgewicht auf das Holz legen, denn in dessen Bau stimmen alle untereinander überein und unterscheiden sich von allem anderen Gehölz.

Die natürliche Sippe der Nadelhölzer zählt ungefähr 250 lebende Arten. Wegen ihrer Eigenheit nimmt sie im natürlichen System den gleichen Rang ein wie die Gesamtheit der eigentlich früchtetragenden Gewächse (der Angiospermen) mit ihren erheblich mehr als 100 000 Arten. Im Vergleiche mit diesen Angiospermen, zu denen die Laubhölzer und die Palmen zählen, sind die Nadelhölzer erdgeschichtlich anscheinend älter, jedenfalls in viel älteren Zeiten nachgewiesen.

Aber es wäre falsch, sie als ein aussterbendes Geschlecht zu bezeichnen. Vermutlich haben ihre Vorfahren am Ende der Kreidezeit eine Katastrophe durchgemacht, der viele Formen erlegen sind, und die in allen warmen Ländern der Erde die ganze Sippe zum Aussterben brachte. Aber einige Gattungen überstanden die böse Zeit und haben zeitweise im Tertiär und schließlich im Quartär wieder auf weiten Flächen des Erdballs die Vorherrschaft in der Vegetation gewonnen. Sie sind besonders widerstandsfähig gegen starke Temperaturwechsel, gegen kalte Trockenzeiten und gegen Armut des Bodens. Das Vordringen des Menschen in die kühle Zone hat die Bestände des Nadelwaldes in den letztvergangenen Jahrtausenden stark vermindert, aber auch heute ist außer den Gräsern keine natürliche Pflanzenfamilie auf so weiten Flächen bestandbildend, wie das Nadelholz. In Elsaß-Lothringen sind etwa 10 % des Landes mit Nadelbäumen bewachsen. Schon das ist kein für sie ungünstiges Verhältnis, wenn man bedenkt, daß sie nur 1,5 % der Arten unserer Flora ausmachen. Vom Deutschen Reiche sind schon 17 % Nadelwald. Weiter nord- und ostwärts wird die Zahl schnell höher. Und wenn wir unter den Tropen und im Süden nur wenig Nadelholzbestände finden, so finden wir andrerseits auch selten ausgedehnte Bestände, in denen eine andere Familie so vorherrscht, wie das Nadelholz in weiten Gebieten des Nordens. Selbst die so vorsintflutlich anmutenden Typen des Ginkgo und der Eibe stehen noch keineswegs auf dem Aussterbeetat. Wenn man in landläufigen Handbüchern anders liest, so kommt das von der sonderbaren Schulmeinung der Pflanzengeographen, die nur solche Pflanzen gelten läßt, die unabhängig vom Menschen oder womöglich trotz ihm gedeihen. Wenn wir diese Auffassung durchführen, müssen wir Roggen, Weizen, Mais und Große Bohne ebenso wie die meisten Haustiere als Fossilien oder als apokryphe Wesen betrachten. Ich glaube, daß es den Ginkgos in den europäischen Gärten und Anlagen jetzt nicht schlechter geht, als es ihren Ahnen irgendwo in der Jurazeit gegangen ist.

Alteinheimische Nadelhölzer sind in Elsaß-Lothringen nur Edeltanne, Fichte, Kiefer, Wacholder und vermutlich die Eibe. Dazu kam im Mittelalter als Kulturpflanze der Sadebaum. Ihm folgen weitere Arten anscheinend nicht vor dem 17. Jahrhundert, der Straßburger Botanische Garten hatte am

Ende desselben Edeltanne, Lebensbaum, Wacholder, Sadebaum und Zypresse, noch nicht einmal die Eibe. Erst das 19. Jahrhundert gestaltet das Florenbild so um, daß das Herbar eines heutigen Sammlers unschwer 14 Nadelbäume allein aus den Vogesenwäldern zusammenbringt, ungerechnet die strauchigen Arten und die mehr zypressenähnlichen Bäume sowie die Eigenheiten der Ebene.

Systematische Übersicht.

1. Ordnung. Fructiferae. Mit steinobstähnlichen Samen.
   I. Alleinstehende Art: 1. Ginkgo.
   II. Familie: Taxaceae. — Gattungen 2. Cephalotaxus (Art 2) und 3. Taxus (Art 3).
2. Ordnung. III. Familie: Coniferae. Mit tannenzapfenartigen Früchten, die freilich bei den Wacholdern beerenähnlich werden.
   4. Gattung. Pinus mit den Unterabteilungen Cedrus (Art 4); Larix (Art 5); Abies (Arten 6—9); Pseudotsuga (Art 10); Pīcea (Arten 11—15); Tsuga (Art 16); Pinus im engeren Sinne (Arten 17—26).
   5. Gattung. Cupressus mit den Unterabteilungen: Taxodium (Art 27); Cryptomeria (Art 28); Biota (Art 29); Thuja (Arten 30—31); Libocedrus (Art 32); Sequoia (mit Wellingtonia) (Art 33); Cunninghamia; — Chamaecyparis (Arten 34—35); Cupressus im engeren Sinne; Juniperus (mit Sabina) (Arten 36—38).
   6. Gattung. Araucaria.

Anmerkungen: Ginkgo ist nicht so sonderbar, wie die neuesten Systeme ihn stellten. Typisch hat er keine weiblichen Blüten, sondern gewisse Laubblätter spalten sich vom Grunde an so, daß der Rückenteil ein normales Blatt wird, der Bauchteil aber statt der Spreite an der Spitze des Stieles zwei Samenanlagen entwickelt. Ausnahmsweise bilden sich mehr Samenanlagen, dann stehen sie wie Blattfiedern, aber ihre Leitbündel ordnen sich im Stiele zum Zylinder, und damit wird aus dem Blatteile ein Achselsproß, eine echte Blüte — die Fiedern sind nunmehr jede ein Fruchtblatt. Diese Umwandlung ist in der Natur von geringer Bedeutung, nur durch unsere wissenschaftliche Ausdrucksweise, die von unhaltbar gewordenen Voraussetzungen ausgegangen ist, wird sie aufgebauscht. Daß aus dem Pollenschlauche bei Ginkgo noch Spermatozoiden, bei den übrigen Nadelhölzern nur noch Kerne austreten, ist auch nicht allzu erheblich. — Bei Cephalotaxus steht die weibliche Blüte in der Achsel eines heurigen Blattes, hat kreuzgegenständige Fruchtblätter mit zwei Spreiten. Die Rückenspreite ist zur sogenannten Deckschuppe verkleinert, der Bauchteil zu einer Samenanlage reduziert. Die männlichen Blüten entspringen aus Achseln vorjähriger Blätter. Ihre Staubblätter sind auch zweiteilig, mit Deckschuppe und Staubbeutel. — Bei Taxus ist die weibliche

Blüte stark verkleinert, die Deckschuppen sind kaum wahrnehmbar, und nur eine hat an ihrem Grunde eine Samenanlage. Die Staubblätter haben keine Deckschuppe. — Zwischen Ginkgo und Cephalotaxus steht noch Torreya.

Die Gattungen Pinus und Cupressus werden zwar von allen neueren Schriftstellern zerteilt, enthalten aber in sich keine größeren Verschiedenheiten wie Equisetum, Lycopodium, Ranunculus u. v. a. Die nahe Blutsverwandtschaft innerhalb dieser Sippen erhellt aus den gelungenen Veredelungen, z. B. von Lärche auf Kiefer.

Geschichte und Verbreitung der einzelnen Arten.

Mit der Nummer in gleicher Zeile steht der hauptsächliche schriftdeutsche Name, falls es einen solchen gibt, und der meiner Auffassung entsprechende botanische Name. Der darunter stehende Absatz beginnt mit dem gegenwärtig gebräuchlichsten lateinischen Namen, dann folgen Zitate derjenigen Werke, welche ich für diese Arbeit mit Vorteil benutzt habe. Darnach folgt die Angabe der Verbreitung im Lande und zuletzt die Geschichte der Art. Die anmerkungsweise erwähnten Arten würde ich von mir aus als seltenere Gartenpflanzen ausgelassen haben, wenn sie nicht in älteren Florenlisten ständen.

Literaturverzeichnis. (J. B.) Bauhinus, Joh., Historia plantarum universalis (1650). — Beissner, Nadelholzkunde (1891). — Frh. v. Berg, Mitteilungen über die forstlichen Verhältnisse in Elsaß-Lothringen (1883). — Binz, Flora von Basel, 2. Aufl. — Bock, Kräuterbuch (Ausg. v. Sebitz 1580). — (BSM) Bulletin de la Société d'histoire naturelle du département de la Moselle (später de Metz). — Clusius, Rariorum plantarum historia (1601). — Dodonaeus, Cruydboeck (Ausg. v. Ravelingen 1644). — Gesner, Horti Germaniae (1561). — Holandre, Flore de la Moselle (1829) und Nouvelle Flore de la Moselle (1842). — Frh. v. Ichtersheim, Ganz neue Topographia des Elsaß (1710). — Julius Caesar, Commentarii de bello Gallico — (KAls. et K Vog.). Kirschleger, Flore d'Alsace und Flore Vogéso-rhénane. — Koehne, Deutsche Dendrologie (1893). — Krause, Die Eiben der Nideck in Naturwiss. Wochenschrift N. F. IX, 266; Floristische Notizen im Botan. Centralblatt Bd. 75; Die feldartigen Halbkulturformationen im Elsaß in Botan. Zeitung 1909, und Besonderheiten der els.-lothr. Flora in Verh. 19. D. Geographentages 1914. — Lessel, Naturdenkmäler in Elsaß-Lothringen (1912). — Linné, Codex botanicus ed. Richter. — Mappus, Catalogus plantarum horti Academici Argentinensis (1691). — Mappus (Sohn), Historia plantarum Alsaticarum ed. Ehrmann (1742). — Mathieu, Note sur le Pinus uncinata im Bulletin de la Société botanique de France 10, 330 (1862). — (Matth.) Matthiolus, Commentarii in Dioscoridis libros (Venet. 1565). — Mitteilungen der Deutschen Dendrologischen Gesellschaft. — (MPhG.) Mitteilungen der Philomathischen Gesellschaft in Elsaß-Lothringen. — Ney, Geschichte des Heiligen Forstes bei Hagenau (1888 bis 1890). — Plinius Secundus, Historia naturalis (Ed. Bipont 1783). — Reichenbach, Icones Florae Germanicae. — Schaefer, Die Gefäßpflanzen des Kreises Altkirch (Programm 1895). — Schultz, F.

W., Phytostatik der Pfalz. — TABERNAEMONTANUS, Neuw Kreuterbuch 2. Bd. ed. Braun (1591).

Zum Bestimmen der Arten nimmt man am besten KOEHNE, ausführlichere Beschreibungen findet man bei BEISSNER, dessen Buch auch in zweiter Auflage erschienen ist.

1. Ginco generale.

Ginkgo biloba BEISSNER Fig. 47 und 48; Mitt. DDG. 1908, 35. — Gingko biloba LINNÉ 7239; KAls. 2, 97 und 481; m. MPhG. 4, 384. — Gincko biloba GÉHIN BSM. 11, 355. — Salisburia adiantifolia KAls. 2, 100; KVog. 2, 55.

Einzeln auf einer Waldwiese bei Pulversheim. — Verbreitet in gärtnerischen Anlagen. Bringt in Straßburg und Colmar keimfähige Samen. — Alter ostasiatischer Kulturbaum, im 18. Jahrhundert nach Europa gekommen. KIRSCHLEGER, (Als. 2, 481) erwähnt eine Gruppe von 30 Bäumen am Solberg bei Münster, die später (KVog.; ISSLER, MPhG. 2, 266) nicht wieder erwähnt, demnach wohl eingegangen sind.

2. Cephalotaxus coll. generalis.

2a. Cephalotaxus drupacea KOEHNE Fig. 2; Mitt. DDG. 1910, 172.

2b. Cephalotaxus Fortunei BEISSNER Fig. 45.

Gartenpflanzen, blühen reichlich, tragen aber selten, DRUPACEA z. B. in Tignemont bei Metz. Sie stammen aus Ostasien und sind im 19. Jahrhundert bei uns eingeführt.

3. Eibe. Taxus baccata.

Taxus baccata BEISSNER Fig. 42 und 43; LINNÉ 7510; HOL. N. Mos. 655; K Als. 2, 100; SCHAEFER, 71; BINZ, 11. — Taxus baccata. Jewa, ISSLER M PhG. 3, 283. — Taxus CAESAR, bell. Gall. 6, 31; MATTH. 1099, JB. 1, 241 (2); MAP. EHRM., 300. — Ibenbaum, BOCK, 3 Kap. 56. — Taxus oft Iven-boom, DODON, 1343.

Die Eibe wächst sehr zerstreut und meist nur strauchig in den Südvogesen vom Welschen Belchen bis zum Hohneck in 700 bis 1000 m Höhe, sonst in den Vogesen nur an Burgruinen wie Kinzheim und besonders Nideck. In Lothringen sind wilde strauchige Eiben im Walde von Groß-Mövern gemeldet, aber lange nicht mehr aufgesucht, es ist nicht einmal sicher, ob sie diesseits der Grenze wachsen. In gärtnerischen Anlagen ist die Eibe sehr verbreitet.

Die Art ist in Mitteleuropa heimisch. Aber die südwestdeutschen Botaniker des 16. Jahrhunderts kennen sie nur von Hörensagen, während sie zur selben Zeit in den Ardennen, im Alpengebiet nebst Jura, in Franken und am Harz wohl bekannt war. Mappus meint, daß Ichtersheim als erster die Eibe bei uns nachgewiesen hätte; aber Ichtersheims Yffen sind nicht Eiben, sondern Effen (Ulmus effusa). Erst Mappus selbst bringt 1742 den ersten Eibenstandort unserer Flora, und zwar Burg Nideck. Dort stehen die Bäume noch, Lessel hat den schönsten abgebildet. Aber sie stehen so, daß sie entweder erst nach dem Auflassen der Burg aufgewachsen sein oder vorher auf dem Burghof gestanden haben müssen. Die wilden Eiben der Südvogesen sind erst im 19. Jahrhundert entdeckt. Seit wann sie dort vorkommen, ist ungewiß. Die Existenz des einheimischen Namens Jewa beweist nichts, denn die Gebirgsbevölkerung hat in den letzten Jahrhunderten viel Zuzügler bekommen, die Baum und Namen mitgebracht haben könnten. Andererseits gehört die Art zur Juraflora, die manche Vorposten in die Vogesen herübergeschoben hat. Auch das Indigenat der Metzer Eiben ist ungewiß. Es wachsen zwar in dortiger Gegend manche Vertreter der Jura- und Ardennenflora, zu denen ja die Eibe gehört, es wachsen dort aber auch viele verwilderte Kulturpflanzen. Wenn wir bei Caesar lesen, die Eibe wachse in Menge in Gallien und Germanien, so dürfen wir daraus nicht schließen, daß sie zu jener Zeit auch im heutigen Elsaß-Lothringen vorgekommen sei. In einem großen Teile Galliens war sie immer verbreitet. Caesar erzählt an der betreffenden Stelle eine Vergiftungsgeschichte aus den Ardennen. Dies Gebiet wurde in der Kaiserzeit zur Provinz Germania geschlagen, dadurch kam in Caesars Bericht, der damals schon viel gelesen wurde, eine geographische Unstimmigkeit, welche vermutlich durch Einschub des Wortes Germaniaque hinter Gallia beseitigt wurde. Angepflanzt sind Eiben auf Friedhöfen in Westeuropa einschließlich der Schweiz seit alter Zeit, auch in Gärten wurden sie im 16. Jahrhundert in Deutschland gezogen. Für unser Land ist die Anpflanzung zwar nicht vor dem 19. Jahrhundert nachweisbar, aber die Eiben der Nideck sind doch vermutlich kulturverlassen und dann müssen sie schon im 17. Jahrhundert gepflanzt sein, womit nicht behauptet sein soll, daß die jetzt dort grünenden Stämme noch die ursprünglichen sind.

(4). Zedern. Pinus coll. cedrus.

4. Libanonzeder. Pinus Libani.

Cedrus Libani Beissner Fig. 73 u. 74; Mitt. DDG. 1908, Taf. 3, Seite 35 u. a. — Géhin, BSM. 11, 357, m. MPhG. 4, 69. — Pinus Cedrus Linné 7245. — Cedrus maior montis Libani, Matth., 126.

Einzelne stattliche und fruchtbare Bäume in den Vogesen an Burgruinen, z. B. Girbaden (Sandstein, 560 m ü. d. M.) und Kinzheim (Gneis, 300 m). In der Ebene nur jung, z. B. im Pulversheimer Walde. Außerdem oft in Gärten.

Die Libanonzeder wird seit dem 18. Jahrhundert in den Gärten unseres Landes in Höhenlagen von 130 bis fast 600 m gezogen. Die halbverwilderten Bäume des Gebirges sind grün, in Gärten sind die graunadeligen beliebter und auch schon alt (in Ollweiler fast 200 Jahre).

Anm. Atlaszedern (Cedrus atlantica Beissner, Fig. 76) sind seit etwa 1820 eingeführt, Himalajazedern (Cedrus Deodara Beissner, Fig. 77) noch später. KAls. 2, 96 und später hat sie nicht ordentlich unterschieden, indem er alle graunadeligen für Deodara hielt. Es kommen aber von allen drei Sippen grüne und graue Exemplare vor.

5. Lärche. Pinus larix.

Larix europaea Beissner Fig. 85 und 86; Hol. N. Mos. 661; KAls. 2, 95 u. 481; m. MPhG. 4, 558. — Larix decidua Kieffer BSM. 17, 46. — Pinus larix Hol. Mos. 655. — Lerchenbaum Bock 3, Kop 77. — Larix folio deciduo conifera IB. 265 (2).

In Wäldern aller Höhenlagen, zumeist in kleinen Gruppen oder in Reihen an Wegen und Bestandsrändern, auch gruppenweise auf Triften, seltener zerstreut zwischen anderem Gehölz, aber nirgends in größeren Beständen. — Blüht und trägt überall, leidet aber von Pilzen und Flechten, gedeiht am besten, wenn sie zerstreut zwischen Laubholz steht. — Sie ist in den Alpen, den Gebirgen um Böhmen und weiter ostwärts heimisch, als Gartenpflanze schon um 1600 nach Mömpelgard und vielleicht nicht viel später zu uns gekommen.

Als Waldbaum kennt Mappus sie noch nicht, aber KAls. erwähnt bereits hundertjährige Bäume am Belchensee und bei Rappoltsweiler und siebzigjährige bei Pfirt. Die Bestände am Hohneck in 1200 m Höhe waren zu Kirschlegers Zeit noch jung. In den Nordvogesen und Lothringen ist die Lärche anscheinend erst nach 1871 Waldbaum geworden. In dem verwilderten Park zu Colombey bei Metz steht eine auf Kiefer veredelte Lärche (MDDG. 1910, 164).

Eine Abänderung mit hellgelbbraunen (statt roten) weiblichen Blüten am Bollenberge bei Rufach.

6—7. Weißtannen. Pinus coll. elate.

Elate der Alten Griechen. — Abies foemina IB 1, 231 (2). — Pinus Picea Linné 7247.

6. Edeltanne. (Tanne). Pinus abies.

Abies pectinata Beissner Fig. 118 u. 119. Hol. Mos. 516 und N. Mos. 660; KAls. 2, 93; m. Flor. Not. 5, 4; Mitt. DDG. 1910, 166. — Abies alba Kieffer BSM. 17, 46. — Pinus Abies Schultz Phyt. 131. — Abies der Alten. — Weiß Thannen(baum) Bock 3. Kap. 77. — Tweeden Witten Denne-boom Dodm. 1354. — Abies Taxi folio, fructu sursum spectante Map. Ehrm. 1. — Sapin KAls. 2, 481.

Im Jura und den Vogesen verbreitet. Im Jura meist mit Buchen im Gemenge. In den Südvogesen etwa zwischen 500 und 1000 m Höhe der vorherrschende Waldbaum, doch meist mit anderen Hölzern, besonders Buchen, im Gemenge und am Sulzer Belchen ganz zurücktretend. Oberhalb 1000 m überall viel seltener als die Buche, jedoch zerstreut mindestens bis 1300 m vorkommend. Im Donongebiet vorherrschend, besonders am lothringischen Abhang. In den Nordvogesen nur einzelne Gruppen älterer Bäume, aber junge häufig. In den Ebenen nur zerstreut und selten alt. Die Art macht bei uns 58 % des Nadelwaldes aus, über 19 % der Forsten überhaupt und 5,7 % der Landesfläche.

Die „Große Tanne“ im Straßburger Hohwald in den Vogesen, die im Jahre 1911 wegen beginnenden Absterbens gefällt wurde, war 44 m hoch, hatte in Brusthöhe 166 cm Durchmesser und lieferte 29 fm Derbholz. Sie hatte 370 Jahresringe (LESSEL). In niedrigen Lagen wächst die Art viel schneller, erreicht bei Hargarten am Rande des Saarkohlenbeckens schon mit 100 Jahren 130 cm Durchmesser, wird aber dann leicht kernfaul.

Schon PLINIUS (16, 76) nennt Jura und Vogesen als Standorte der Tanne. Von den Vätern der Botanik stellt Joh. BAUHIN ihr Vorkommen bei Maßmünster, Rappoltsweiler und Markirch fest, während BOCK, der im Gebirge kaum südlicher als Bitsch — Weißenburg gekommen war, sie nie gesehen hat. MAPPUS kennt sie am Odilienberg und unterhalb Nideck. Zwischen Zaberner Steige und Pfälzer Grenze kannten die Botaniker um die Mitte des 19. Jahrhunderts nur einzelne Gruppen älterer Tannen bei Lembach und Bitsch. Die meisten sind dort erst seit 1871 angepflanzt. HOLANDRE kennt sie im damaligen Moseldepartement sowohl 1829 als auch 1842 bei Kreuzwald (Hargarten), wo sie um ein Muttergottesbild gepflanzt ist und noch eine ansehnliche und auffällige Gruppe bildet, außerdem nur in geschlossenen Parks.

Wuchsformen wie Warzentanne, Schlangentanne, Trauertanne, Kandelabertanne sind bei LESSEL nachgewiesen. Die Trauertanne (pendula) bei Gebweiler ist schon KAls. 2, 94 erwähnt. Augenfällig sind in wildreichen Wäldern, namentlich um Nidek, dichte Gruppen von Tannensämlingen, die unter den Zähnen der Hirsche wie künstliche Hecken gewachsen sind.

7. Nordmannstanne. Pinus Nordmanniana.

Abies Nordmanniana BEISSNER Fig. 120; m. MPhG. 4, 384; BERG 145.

Einzeln in gemischten Wäldern bei Barr und Straßburg. Stammt aus dem Kaukasus, wurde erst um 1848 in Europa eingeführt und nach 1870 von REBMANN in die Wälder des Unterelsaß gebracht. Unsere Pflanzungen liegen in 130 bis 500 m Höhe auf verschiedenen Böden.

8. Balsamtanne. Pinus balsamea.

Abies balsamea KAls. 2, 45; KVog. 2, 51; m. MPhG. 4, 384. — Pinus Balsamea LINNÉ 7248.

Stammt aus Kanada. KIRSCHLEGER meldet ihre Anpflanzung bei Münster und anderen Orten, REBMANN hat sie bei Barr in

300—400 m Höhe auf kalkarmem Boden ausgesetzt. Ich habe sie vergeblich gesucht. Sie wird nicht stark und nicht alt, hält in unsren Hochwäldern nicht aus. Würde vielleicht in den hohen Lagen besser gedeihen.

Anm. Abies Fraseri, KAls. 2, 481, habe ich im Lande nicht gesehen; sie steht der Balsamtanne sehr nahe und ist in europäischen Kulturen oft mit ihr verwechselt. KAls. 2, 481 nennt noch Abies spectabilis, d. i. A. Webbiana Beissner Fig. 134, unter den Arten, die im Winter 1854/55 bei Münster — 18 ° C ausgehalten haben. Mir ist sie nie begegnet.

9. Pinus pinsapo.

Abies Pinsapo Beissner Fig. 121; K Als. 2, 481; Mitt. DDG. 1910, 171 f. — Abies pinsapo Géhin BSM. 11, 356; Issler MPhG. 2, 266.

Einzeln in freiem Lande bei Münster am Schloßberg 450 m ü. M. Öfter in gärtnerischen Anlagen, namentlich um Metz in schönen Exemplaren. Trägt in Straßburg Früchte. Sie stammt aus Spanien, ist im 19. Jahrhundert bei uns eingeführt.

10. Douglastanne. Pinus Douglasii.

Pseudotsuga Douglasii Beissner Fig. 114 und 115; m. MPhG. 4, 400. — Abies Douglasii Berg 145; Kieffer BSM. 17, 46. — Douglas Fichte Issler MPhG. 2, 266.

Durch die ganzen Vogesen in Wäldern bis 900 m aufwärts zerstreut. In der Rheinebene einige junge Pflanzungen. Außerdem in Gärten. Trägt reichlich Samen.

Stammt aus dem westlichen Nordamerika, kam 1827 nach Europa, wird aber hierzulande vor 1871 nicht erwähnt. Die älteren Pflanzungen im Gebirge sind grünnadelig, in letzter Zeit sind auch graunadelige Formen an mehreren Stellen ausgesetzt.

Anm. Pinus Smithiana. — Picea Morinda Mitt. DDG. 1908, 30. — Abies Morinda KAls. 2, 481. — Kirschleger nennt sie in der Liste der Neueinführungen, die bei Münster den Winter 1854/55 überstanden, erwähnt sie aber 1870 (KVog.) nicht mehr. Ich sah sie nur in Gärten. Sie stammt vom Himalaja.

11. Fichte. Pinus picea.

Picea excelsa Beissner Fig. 98 und 99; KAls. 2, 94; Géhin BSM. 11, 356; Kieffer BSM. 17, 46. — Abies excelsa Hol. N. Mos. 661. — Pinus abies Hol. Mos. 664. — Pinus Picea Schultz Phyt. 131. — Epicéa KAls. 2, 481. — Weisser

Thannenbaum, Abies und Roter Thannenbaum, Picea TAB. BRAUN 640. — Rooden Denne-boom DODON. 1349 und Ghemeynen Witten Denne-boom oft Mast-boom ebenda 1353. — Schwartz Thannen mit der roten Schelet, so man auch rote Thannen heißt. BOCK 3, Kop. 77. — Picea MATTH. — Picea Latinorum IB. 1, 238 (2). — Abies tenuiore folio, fructu deorsum inflexo MAP. EHRM. 2 und Abies tenuissimo folio, fructu deorsum inflexo ebenda 3.

In Wäldern des Gebirges streckenweise in Beständen, öfter mit anderem Holz gemischt, und zwar im Süden mit Tannen, im Norden mit Kiefern. In den obersten Wäldern am Kamme, zwischen 1100 und 1300 m, auch im Buchenwalde zerstreut und dann meist die Buchen überragend. In der Ebene gruppen- und bestandsweise zwischen Laubwaldungen. Auch als Alleebaum und sonst als Zierbaum gepflanzt. Insgesammt ist die Art bei uns verhältnismäßig selten, viel seltener als die Edeltanne, bedeckt weniger als 1 % der Landesfläche (5,2 % im Reichsdurchschnitt), fehlt aber nirgends mehr ganz. — In Lothringen und den Nordvogesen kennen die Botaniker vor 1870 die Fichte nur als neuen und seltenen Kulturbaum, es liegt auch kein Anzeichen vor, daß diese Art in vorforstwirtschaftlicher Zeit in den Wäldern dieser Landschaften oder der Rheinebene vorgekommen sei. Aus den Südvogesen haben wir bestimmte Nachricht auch erst durch MAPPUS, der die Fichte bei Oberehnheim und in größerer Menge hinter Markirch angibt. Zapfen von ihr sind auf dem Hochfeld, 1000 m ü. M., im Torf gefunden. Johann BAUHIN, der uns über manche Pflanzen der Hochvogesen Auskunft gibt, kennt die Fichte aus eigener Anschauung nur in Burgund. Schon vorher war sie in der Schweiz und Österreich und am Harz beobachtet. — Von eigenartigen Formen erwähnt LESSEL die Schlangenfichte. — Daß einige Schriftsteller des 16. Jahrhunderts zwei Fichtenarten beschreiben und abbilden, kommt daher, daß sie sie irrtümlich als Elate der Alten bestimmten und nun auf Grund der Überlieferung zwei Arten davon zu unterscheiden suchten.

12. Pinus orientalis.

Picea orientalis BEISSNER Fig. 100; Mitt. DDG. 1910, 144 f.

Kulturbaum, verhältnismäßig selten und nur in Gärten, gedeiht in Straßburg von allen ausländischen Fichten bei weitem am besten, auch in Metz-Plantières in stattlichen Exemplaren.

13. Schimmelfichte. Pinus alba.

Picea alba Beissner Fig. 96; KAls. 2, 95; KVog. 2, 51; Géhin BSM. 11, 356; m MPhG. 4, 384.

In den Vogesen an Waldrändern stellenweise in kleineren Gruppen, besonders im Breusch- und Kirnecktal, zwischen 250 und 400 m. Außerdem verbreitet in gärtnerischen Anlagen.

Stammt aus Kanada, ist im Jahre 1700 nach Europa, zu uns erst im 19. Jahrhundert gekommen. Kirschleger erwähnt um 1850 schon eine Pflanzung bei Münster, hat sie aber 1870 nur noch als Parkbaum erwähnt. Nach 1871 ist sie öfter ins Gebirge gebracht.

Man bevorzugt bei uns eine auffällig graunadelige Form, daher der Name Schimmelfichte.

Anm. Pinus mariana. — Picea nigra Beissner Fig. 93 und 94; KAls. 2, 95; KVog. 2, 51; Géhin BSM. 11, 356. — Kulturbaum in gärtnerischen Anlagen der warmen Ebenen und Täler, bei uns seit dem 19. Jahrhundert. Stammt aus Nordostamerika.

14. Blaufichte. Pinus caesia.

Picea pungens Mitt. DDG. 1908, 23 und sonst.

Gegenwärtig in Anlagen und Ziergärten in einer blaugraunadeligen Form (glauca) verbreitet, überall noch jung. Stammt aus dem amerikanischen Felsengebirge.

15. Sitkafichte. Pinus sitchensis.

Picea sitchensis Beissner Fig. 105; m. MPhG. 4, 384. Picea Menziesii m. MPhG. 4, 400. — Sitkafichte Mitt. DDG. 1908, 11.

An einzelnen Stellen in letzter Zeit in kleinen Gruppen in unseren Wäldern ausgesetzt, ältere und fruchttragende Bäume hier und da in Gärten. Nach französischen Quellen sollen größere Anpflanzungen in unseren Vogesen sein, aber ich konnte nichts Sicheres darüber erfahren.

16. Schierlingstanne. Pinus canadensis.

Tsuga canadensis Beissner Fig. 107—109; Issler MPhG. 2, 266; m. MPhG. 4, 384; Mitt. DDG. 1910, 166. — Abies

Canadensis KAls. 2, 95. — Abies canadensis KVog. 2, 51. — Picea canadensis Géhin BSM. 11, 356.

In den Wäldern der Vogesen gruppenweise sehr zerstreut, zwischen 250 und 300 m, auch einzeln in der Rheinebene. Allgemein verbreitet in gärtnerischen Anlagen. Trägt reichlich Früchte.

Ist 1736 nach Europa gekommen, um 1800 ins Elsaß und ins Metzerland. Als Waldbaum meist erst nach 1871 ausgesetzt, z. B. von Rebmann bei Barr, jedoch bei Münster vielleicht älter.

17. Weymouthskiefer. Pinus strobus.

Pinus Strobus Beissner Fig. 71 und 72; Linné 7244; KAls. 2, 93. — Pinus strobus Hol. Mos. 663 u. NMos. 659; Kieffer BSM. 17, 45.

Als Waldbaum durch die ganzen Vogesen bis mindestens 700 m ü. M. zerstreut, stellenweise in alten, wenn auch wenig umfangreichen Beständen, öfter gruppen- oder streifenweise anderen Holzarten beigesellt. Stellenweise auch in den Ebenen in Wäldern. Trägt überall reichlich.

Stammt aus Nordamerika, kam 1706 nach Europa, ins Elsaß um 1810, nach Lothringen anscheinend um dieselbe Zeit. Wurde bald in Parkanlagen verbreitet, stand um 1850 auch schon in den Südvogesen an mehreren Stellen im Walde, ist aber allgemeiner erst nach 1871 in die Forsten gekommen.

18. Tränenkiefer. Pinus excelsa.

Pinus excelsa Beissner Fig. 69.

In neuester Zeit recht häufig in gärtnerischen Anlagen gepflanzt, trägt in der Rheinebene reichlich. Stammt vom Himalaja.

19. Arve. Pinus cembra.

Pinus cembra Beissner Fig. 65—67; Linné 7243; KAls. 2, 93; Mitt. DDG. 1908 Taf. 3. — Pinus cembra m. Halbkultf. 159. — Pinus cembro Géhin BSM. 11, 357. — Pinus silvestris cembro Matth. 102.

Am Abhange des Vogesenkammes über dem Schwarzen See, 1200 m ü. M., anf Granit zerstreut zwischen Krummholz, ziemlich kümmerlich und nicht fruchtend. Zerstreut in gärtnerischen Anlagen, wo sie stellenweise stattlich ist, z. B. in dem warmen Gebweiler, nur 300 m ü. M., aber auf kalkhaltigem Boden.

Ist in den Alpen heimisch, hierzulande vor 1870 nur in gärtnerischen Anlagen gezogen, erst später in den Hochvogesen ausgesetzt.

20. Gelbkiefer. Pinus ponderosa.

Pinus ponderosa Beissner Fig. 61; m MPhG. 4, 384.

Vereinzelt in den Vogesen. Ich sah nur einen kleinen noch nicht blühbaren Baum in einer Saatschule am Breuschtal, etwa 400 m ü. M., auf Sandstein. Rebmann hat die Art früher bei Barr ausgesetzt, doch war sie neuerlich nicht mehr zu finden. Sie stammt aus den westlichen Vereinigten Staaten.

21. Pechkiefer. Pinus rigida.

Pinus rigida Beissner Fig. 63 und 64; m. MPhG. 4, 384; Berg 145.

Von Rebmann vor 40 Jahren bei Barr in den Vogesenwald gebracht, neuerdings nicht wiedergefunden. Ich sah kein Exemplar aus dem Lande. Die Art stammt aus den östlichen Vereinigten Staaten.

22—26. Pinus sylvestris Linné 7240.

22. Schwarzkiefer. Pinus laricio.

Pinus Laricio Beissner Fig. 59 und 60; KAls. 2, 93. — Pinus nigricans KAls. 2, 92 und 2, 481. — Pinus laricio Géhin BSM. 11, 357. — Pinus maritima Kieffer BSM. 17, 45. — Pinus sylvestris var. γ Linné 7240.

Durch das ganze Land verbreitet. Bildet kleine Bestände im Walde oder eigene Wäldchen im Gebirge und im Hügellande von 150 bis 500 m ü. M., seltener in den Ebenen. Trägt reichlich. Auch häufig in Gärten.

Ist in den Gebirgen der Mittelmeerländer bis zu den Cevennen und Ostalpen nordwärts in mehreren wenig verschiedenen Rassen verbreitet. Wurde in die Wälder der Südvogesen im Anfange des 19. Jahrhunderts eingeführt, fand sich in den übrigen Landschaften vor 1871 nur in Gärten, ist seither besonders zur Aufforstung sonniger steiniger Hügel verwandt.

23. Sternkiefer. Pinus pinaster.

Pinus Pinaster Rchb. Ic. 11 Fig. 1132. — Pinus maritima. Pin de Bordeaux KAls. 2, 93; KVog. 2, 50. — Pinus sylvestris var. β Linné 7240. — Pinus maritima altera Matth. 100.

Ein großer fruchtbarer Baum am Schloß Kinzheim, 300 m ü. M., neben Zeder und Eibe, lange Zeit wie wild, jetzt wieder eingefriedet.

Stammt aus den Mittelmeerländern, war nach Kirschleger um 1850 ein häufiger Parkbaum im Elsaß.

24—25. Krummholz. Pinus coll. montana. — Pinus montana. — Pinus Pumilio KAls. 2, 92.

24. Legföhre. Pinus pumilio.

Pinus Pumilio — Pinus Mughus Rchb. Ic. 11 Fig. 1130. — Pinus Mughus uliginosa KAls. 2, 481. — Pinus mughus m. MPhG. 4, 383.

In den Vogesen über dem Schwarzen u. Weißen See, 1200 m ü. M., auf Granit in ausgedehnten, aber strichweise kümmernden Beständen. Außerdem zuweilen in Gärten bis in die Rheinebene herunter.

Die Legföhre ist am Vogesenkamme erst nach 1871 angepflanzt, wuchs längere Zeit freudig und bildete ausgedehnte Dickungen, in den letzten Jahren sind aber viele Sträucher dürr geworden. Die Art ist auf den Gebirgen vom Jura bis Ungarn heimisch.

25. Hakenkiefer. Pinus uncinata.

Pinus uncinata Rchb. Ic. 11 Fig. 1129; m. MPhG. 4, 383. — Pinus Mughus KAls. 2, 481.

In den Vogesen an vielen Stellen, von 900 bis 1300 m, z. B. im Narionsattel, am Hochfeld, Brezouard, über den Seen, meist in kleinen Gruppen.

An der Wettsteinhöhe, 880 m ü. M., zwischen Münster- und Kaysersbergertal ist sie um die Mitte des 19. Jahrhunderts angepflanzt, bildet jetzt einen sehr weitläufigen lichten Bestand. Alle anderen Pflanzungen sind neu. Am französischen Abhange westlich von Gérardmer soll ein alter Bestand dieser Art sein, er ist im Bulletin de la Société botanique de France (Bd. 55, C.)

beschrieben, ich habe ihn nicht gesehen. Zuerst erwähnt ihn MATHIEU 1862, aber alle sonst von diesem Schriftsteller angegebenen Standorte von Krummholz am Vogesenkamm sind falsch, und wenn jetzt bei Gérardmer Hakenkiefern wachsen, sind sie vermutlich nicht älter als die auf der Wettsteinhöhe. Einheimisch ist die Hakenkiefer auf dem Schwarzwald, in den Alpen, dem Jura, den Pyrenaeen u. s. w.

26. Kiefer. Pinus silvestris.

Pinus silvestris BEISSNER Fig. 57 und 58; m. MPhG. 3, 489. — Pinus sylvestris HOL. Mos. 515 und N. Mos. 659; KAls. 2, 91; KIEFFER BSM. 17, 46. — Wild Hartzbaum. Kynholtz. Wilder Kynbaum. Kiefferholz. Förhenholz. Pinaster. BOCK 3 Kap. 76. — Wilden pijn-boom oft Herstboom DODON. 1345. — Pinus silv.(estris) vulgaris Genevensis I. B. 1, 253 (2). — Pinus sylvestris, vulgaris Genevensis und P. sylv., montana, altera MAP. EHRM. 241. — Forle in unterelsässer Mundart.

Im Jura und Sundgau zerstreut. In den Hochvogesen besonders über dem hinteren Kaysersberger Tal an den Rändern des Bergwaldes gegen die Triften, doch oberhalb 900 m seltener und am Kamme in 1350 m krummholzähnlich kümmernd. Auch viel bei Markirch. Am Fuße der Vogesen kommen auch Kiefern im Gemenge mit Laubholz vor, namentlich auch mit Unterwuchs von Kastanien, z. B. am Oberlinger und Odilienberge, in 350 bis 700 m Meereshöhe. In den Sandsteinvogesen ist die Kiefer überhaupt häufig, im Hochfeldgebiete meist mit Tannen gemischt, gegen Norden nicht selten in großen reinen Beständen, am meisten im Bitscherlande, in Höhenlagen von 300 bis 400 m. In der oberelsässer Ebene in kleinen Horsten und einzelnen Exemplaren zwischen Laubwald ziemlich selten, aber unterhalb Straßburg häufig, namentlich um Hagenau und am Lautertale. Häufig auch im Saarkohlenbecken, sonst in Lothringen westlich des Gebirges selten. Wächst nicht nur auf Sand, Sandstein und Granit, sondern auch auf kalkreichen Gesteinen. Im ganzen ist der Baum doch verhältnismäßig selten bei uns, er bildet nur den dritten Teil unserer Nadelwälder und den zehnten Teil allen Waldes, bedeckt etwa 3 % der Landesfläche oder 50000 ha, wovon 30000 auf das Unterelsaß fallen.

Die Kiefer ist in Nord- und Mitteleuropa heimisch, auch bei uns vermutlich stellenweise uralt. Allerdings kommen Fürle in den Urkunden des Hagenauer Waldes erst seit 1424 vor. Bock erwähnt die Art besonders bei Kaiserslautern, Joh. Bauhin sah sie im Jura und Sundgau. Zu Mappus' Zeiten stand noch Kiefernwald im Breuschtal bis gegen Lingolsheim abwärts. Außerdem sah Mappus die Art bei Reichstett, Brumath, Hagenau, Lauterburg, am Odilienberge und unterhalb des Schwarzen Sees. In Lothringen kennt Holandre 1829 Bestände im Bitscherlande, Saarkohlenbecken und bei Sierck, die er alle für angesät hält.

Die Benadelung der Kiefer ist in der Regel blaugrün. Einen rein dunkelgrünen Baum habe ich bei Ottrott am Odilienberge beobachtet. Schlangenkiefern sind in dichten Beständen mittlerer Höhenlagen auf moorigem Grund über Sandstein stellenweise nicht selten, z. B. am Heidenkopf unter hohen Tannen, sie bleiben im Wachstum hinter den normalen zurück.

27. Sumpfzypresse. Cupressus disticha.

Taxodium distichum Beisner Fig. 37 und 38; KAls. 2, 99; KVog. 2, 54; Géhin BSM. 11, 355. — Cupressus disticha Linné 7257.

An Ufern kleinerer Wasserläufe in der Rheinebene selten und wenig, z. B. in Bollweiler und Straßburg. Außerdem in Gartenanlagen durch das ganze Land zerstreut, aber nur in den warmen tiefen Lagen. Stammt aus Nordamerika, kam schon im 17. Jahrhundert nach Europa, aber nach Elsaß und Lothringen erst im 19. Jahrhundert. Schon um 1850 erwähnt Kirschleger Pflanzungen an Ufern, und in der Flore Vogéso-rhénane hat die Art eine Nummer bekommen, womit nach damaliger literarischer Sitte ihre Einbürgerung in die wilde Flora anerkannt ist. Alle in unserem Lande vorhandenen Bäume sind innerhalb gärtnerischer Anlagen gepflanzt, haben aber zum Teil die örtliche Kultur überdauert und stehen nun wie wild zwischen Ellern am Wasser.

28. Cupressus japonica.

Cryptomeria japonica Beissner Fig. 34 und 35; KAls. 2, 481.

Ich kenne sie im Lande nur in Gärten. Sie trägt Früchte. Kirschleger erwähnt ihre Anpflanzung am Solberg bei Münster, wo sie 1854 bei — 18° C. nicht erfroren ist. Sie hält übrigens noch in Mecklenburg im Walde aus.

29. Chinesischer Lebensbaum. Cupressus orientalis.

Biota orientalis Beissner Fig. 10. — Thuya orientalis Hol. N. Mos. 658. — Thuja orientalis Linné 7253; KAls. 2, 99.

Hier und da einzeln oder in Gruppen auf kulturverlassenen Plätzen in niederen Lagen. Allgemein in Gärten und Anlagen. Kam im 18. Jahrhundert aus Ostasien nach Europa, in unserem Lande erst mit Beginn des 19. Jahrhunderts nachweisbar.

30. Echter Lebensbaum. Cupressus occidentalis.

Thuya occidentalis Beissner Fig. 3 und 4; Hol. N. Mos. 658. — Thuja occidentalis Linné 7252; KAls. 2, 99; m. MPhG. 4, 384. — Arbor vitae Clus hist. 36. — Arbor vitae, oft Boom des lebens Dodon. 1342. — Arbor vitae, sive paradisiaca vulgo dicta odorata ad Sabinam accedens IB. 1, 286 (2). — Thuja Theophrasti Mappus Catal. 139.

Kleine Gruppen oder Reihen an einzelnen Stellen in Wäldern und an Straßen, z. B. eine Anzahl starker Stämme an der Totenallee bei Colombey östlich von Metz, eine hohe alte Reihe bei Girbaden, 500 m ü. M., öfter einzelne strauchige Exemplare auf verlassenem Gartenland. Außerdem allgemein in Gärten und Anlagen.

Kam im 16. Jahrhundert aus Kanada nach Frankreich, verbreitete sich um Paris und in Belgien schnell, kam ins Elsaß im 17. Jahrhundert.

31. (Riesenlebensbaum). Cupressus macrothyia.

Thuya gigantea Beissner Fig. 6 und 7; Berg 145. — Thuja gigantea m. MPhG. 4, 384; Mitt. DDG. 1910, 171.

In kleinen Beständen und zerstreuten Exemplaren von Barr bis Hohwald an vielen Stellen in 300 bis 700 m Meereshöhe, am Fuße des Hohnecks bei Herrenberg (600 m), in den Straßburger Rheinwäldern (140 m ü. M.). Trägt im Gebirge reichlich Samen. Kam 1853 aus Nordwestamerika nach Europa, wurde bei uns nach 1871, namentlich von Rebmann, in den Wäldern eingebürgert.

32. Cupressus decurrens.

Libocedrus decurrens BEISSNER Fig. 1 und 2; Mitt. DDG. 1910, 169.

In gärtnerischen Anlagen zur Zeit nicht selten in stattlichen Exemplaren. Trägt reichlich Samen.

33. Mammutbaum. Cuppressus Wellingtonia.

Sequoia gigantea BEISSNER Fig. 40 und 41; Mitt. DDG. 1908 Taf. 2 und 1910, 169; m. MPhG. 4, 384. — Wellingtonia gigantea [LINDLEY].

In den Vogesen an wenigen Stellen in wenigen Exemplaren, z. B. hinter Barr und über Gebweiler, etwa 300 m ü. M. Allgemein in Gärten der unteren Lagen. Wächst schnell, hält gut aus, blüht aber bisher nicht.

Stammt aus Kalifornien, kam 1853 nach Europa, ist in unserem Lande zwischen 1871 und 1900 Mode geworden, darf in keinem besseren Garten fehlen.

Anm. Spießtanne. Cupressus lanceolata. — Cunninghamia sinensis BEISSNER Fig. 49, Mitt. DDG. 1908, 31. — Cun. lanceolata KAls. 2, 481. — Nur selten in Gärten und selbst in den warmen Lagen empfindlich. Im Johann SCHLUMBERGERschen Garten zu Gebweiler ein achtzigjähriges Exemplar. Wird von KIRSCHLEGER unter den Arten genannt, die am Solberg bei Münster angebaut waren und 1854/55 — 18° C. überstanden. Das ist aber nicht einmal in den besten Lagen unsere äußerste Temperatur, es geht bis — 23.

34. Lawsonzypresse. Cupressus Lawsoniana.

Chamaecyparis Lawsoniana BEISSNER Fig. 16 und 17.

Derzeit eins der häufigsten Ziergehölze in gärtnerischen Anlagen, trägt reichlich Samen. Ist 1854 aus Westamerika nach Europa gekommen.

35. Nutkazypresse. Cupressus nutkaensis.

Chamaecyparis nutkaënsis BEISSNER Fig. 18 und 19.

Häufiges Ziergehölz. Trägt Samen. Kam 1850 aus Nordwestamerika nach Europa.

Anm. Echte Zypresse. — **Cupressus sempervirens** BEISSNER Fig. 26; GÉHIN BSM. 11, 355. — Cypressus vel Cupressus GESNER hort. 256. — Cypresse-boom DODON. 1339. — Cupressus MAPPUS Catal. 44. — Cyprès HOL. N. Mos. 657. — Nur in Gärten und ziemlich selten, auch niemals stattlich. Trägt in der Rheinebene Früchte. Alter Kulturbaum aus dem nahen Orient, war im 16. Jahrhundert bereits in

Gärten zu Bern, Frankfurt, Antwerpen usw., kam ins Elsaß jedenfalls im 17. Jahrhundert. HOLANDRE sagt, sie sei bei Metz nicht winterhart, GÉHIN hat sie 1869 dort im Botanischen Garten, aber irgendwie ansehnliche Exemplare wurden bei der Exkursion der Deutschen Dendrologischen Gesellschaft 1910 nirgends dort bemerkt, auch im Elsaß sind mir starke Bäume nicht bekannt. Erst auf der Mainau im Bodensee scheint das Klima der Zypresse voll zu genügen.

Anm. Cupressus oxycedrus. — Juniperus Oxycedrus, RCHB. Ic. 11 Fig. 1145; KAls. 2, 98. — Cedrus minor, Cedrula vel Oxycedrus, Junipero similis GESNER hort. — Eersten Kleynen Cederboom DODON. 1335. — Ist mir im Lande nicht begegnet. Aber KIRSCHLEGER erwähnt sie als derzeit eingeführt (planté aujourd'hui dans les parcs privés). Hat sich jedenfalls nicht bewährt. In GESNER'S Liste der deutschen Gartenpflanzen steht die Art nur als Desiderat. Sie stammt aus dem Mittelmeergebiet.

36. Wacholder. Cupressus juniperus.

Juniperus communis BEISSNER Fig. 31—33; KAls. 2, 98; HOL. N. Mos. 656. — Weckholterbaum. Krametbeer BOCK 3, Kap. 58. — Genever-boom DODON. 1332. — Juniperus vulgaris, fruticosa MAPPUS Catal. 71 und MAP. EHRM. 153.

In Wäldern als Unterholz, auf Triften bald einzeln, bald bestandbildend, auf Granit, Kalk, Sandstein, Sand und Torf, doch in der Regel nur auf sehr armem oder sommerdürrem Boden, in allen Höhenlagen. In den meisten Landschaften sehr zerstreut oder vereinzelt, in größerer Menge z. B. noch auf Kalkhügeln westlich von Dorlisheim, auf Granittrümmern über Urbeis gegen den Schwarzen See und über Metzeral gegen den Rietweiher. Ansehnliche Exemplare sah ich bei uns nicht, selbst mannshohe sind selten.

Der Wacholder ist alteinheimisch, war in früheren Jahrhunderten bedeutend häufiger, als es noch mehr ewige Weiden auf sommerdürren Hügeln gab.

37. Virginische Zeder. Cupressus virginiana.

Juniperus virginiana BEISSNER Fig. 30; LINNÉ 7505; HOL. N. Mos. 657; KAls. 2, 98; m. MPhG. 4, 384. — Jun. Virginiana HOL. Mos. 674. — Sabina virginiana [GARCKE].

Ein stattlicher alter Baum auf einer Wiese zwischen Neudorf und der Meinau in Straßburg, eine völlig verwilderte alte Hecke über Sulzbad, eine Reihe stattlicher Bäume an der Totenallee bei Colombey östlich von Metz, auch sonst hier und da einzeln und gruppenweise in warmen Lagen. Ist 1664 nach Europa gekommen, fand Anklang als Ersatz für die beliebte, aber klimatisch anspruchsvolle Zypresse. HOLANDRE kennt sie am Anfange des 19. Jahrhunderts in Bauerngärten und auf Friedhöfen. KIRSCHLEGER erwähnt um 1830 einen damals fast fünfzigjährigen Bestand am Solberg bei Münster.

38. Sadebaum. Cupressus sabina.

Juniperus Sabina BEISSNER Fig. 27 und 28; LINNÉ 7504; KAls. 2, 98. — Sabina officinalis [GARCKE]. — Seuenbaum BOCK 3 Kap. 57. — Sabina GESNER hort. 278. — Sabina oft Savel-boom DODON. 1337. — Sabina folio Tamarisci und S. fol. Cupressi MAPPUS Catal. 121.

Einzelne alte Sträucher auf wüsten Plätzen zwischen Weinbergen, z. B. am Dreispitz bei Mutzig, 370 m ü. M. In Gärten recht häufig.

Stammt aus den europäischen und mediterranen Gebirgen, wurde schon im Mittelalter in die Gärten eingeführt. Dient seither als Palmenersatz in der Kirche und als Abtreibemittel. Besonders gut waren im 16. Jahrhundert, und sind vielleicht heute noch, die kirchlich geweihten Zweige zur Beseitigung der Folgen der Sünde gegen das sechste Gebot. Neuerdings kämpfen außer den Sittlichkeitsaposteln auch die praktischen Botaniker gegen den Sadebaum, weil er Zwischenwirt für eine Pilzkrankheit der Birnbäume ist.

Anm. Cupressus phoenicea. — Juniperus phoenicea RCHB. Ic. 11 Fig. 1144; KAls. 2, 98. — Tweden Kleynen Ceder-boom DODON. 1135. — Cedrus phoenicea MATTH. 127. — Von KIRSCHLEGER als damals beliebter Parkbaum erwähnt, hat sich für unser Klima nicht bewährt. Stammt aus den Mittelmeerländern.

Anm. Araucaria imbricata BEISSNER Fig. 50 und 51; Mitt. DDG. 1908, 32 und 1910, 191; KAls. 2, 481. — Araucaria Imbricata GÉHIN BSM. 11, 357. — KIRSCHLEGER nennt sie unter den Koniferen, die 1854/55 am Solberg bei Münster — 18° C. gut überstanden haben. GÉHIN hat sie 1868 im Botanischen Garten zu Metz. Dauerhaft ist die Art bei uns aber nur ausnahmsweise an besonders günstigen Plätzen. Bei Emil du BARY in Gebweiler war 1908 ein Baum von 9 m Höhe zu sehen. Das richtige Klima findet die Art erst in Belgien. Sie stammt aus Chile und kam 1795 nach Europa.

Schlußbemerkung.

Elsaß-Lothringen unterscheidet sich vom übrigen Deutschland durch die Seltenheit des Nadelwaldes in seinen Ebenen.

Wo aber Nadelwälder sind, weichen sie von denen des übrigen Reiches nicht besonders ab. Die Vogesen unterscheiden sich von allen anderen deutschen Gebirgen ähnlicher Höhe durch die Häufigkeit der Edeltanne und die Seltenheit der Fichte. Vor hundert Jahren war der Unterschied vom Schwarzwalde und den Gebirgen um Böhmen noch viel auffälliger, weil es in den Vogesen noch kein Krummholz gab. Die Lärche, in Schlesien alteinheimisch, scheint in den Vogesen kaum später eingebürgert zu sein als im Schwarzwalde. Seit 1871 macht sich ein Ausgleich der Unterschiede zwischen den elsaß-lothringischen und den altdeutschen Forsten allmählich immer mehr bemerkbar, in den Ebenen werden die Kiefern häufiger, und im Gebirge verschiebt sich das Verhältnis zwischen Fichte und Tanne zu Ungunsten der letzteren, die wohl landschaftlich schöner, aber wirtschaftlich unzweckmäßiger erscheint.

Regenkarten von Elsaß-Lothringen
mit erläuterndem Text und Tabellen.
(Ein Beitrag zur Klimakunde der Reichslande.)

Von
Edgar Wagner.

Einleitung.

Die Niederschlagsverhältnisse von Elsaß-Lothringen sind bereits in der Dissertation von Dr. Rubel behandelt. Die Arbeit ist insofern unvollständig, als sie in erster Linie die Südvogesen behandelt. Erwünscht ist aber eine zusammenfassende Darstellung der Niederschlagsverhältnisse des Gesamtgebiets, Vogesen, Rheinebene und Lothringer Hochebene, also des ganzen Gebiets etwa zwischen der oberen Maas und dem Rhein unter Berücksichtigung einer Beobachtungsreihe von mindestens 30 Jahren. Nun hat Prof. Hellmann in Berlin seit einer Reihe von Jahren die monatlichen Regenkarten der preußischen Provinzen entworfen. Dies veranlaßte mich, die gleiche Arbeit für Elsaß-Lothringen durchzuführen. Als Assistent der meteorologischen Landesanstalt stand mir das ganze Beobachtungsmaterial zur Verfügung. Auf besonderen Wunsch meines Lehrers Herrn Professor Sapper, dem ich manche wertvolle Anregung verdanke, habe ich dann die Arbeit nach der klimatologischen Seite weiter ausgebaut und die übrigen meteorologischen Elemente in den Bereich der Untersuchung mit einbezogen. Die Niederschlagsverhältnisse bleiben aber nach wie vor im Mittelpunkt der ganzen Untersuchung. Es lag daher kein Grund vor, den Titel der Arbeit umzuändern.

Literatur.

1. Rubel, Niederschlagsverhältnisse im Oberelsaß.
2. Hellmann, Regenwerk.
3. „ Schwankungen der Niederschläge.
Abh. des Kgl. preuß. Met. Instituts.
4. Meyer, Anleitung zur Bearbeitung meteorolog. Beobachtungen.

5. Hellmann, Regenkarten.
6. Hann, Handbuch der Klimatologie.
7. Hann und Süring, Lehrbuch der Meteorologie.
8. Schultheiss, Niederschlagsverhältnisse des Rheingebiets.
9. Hergesell, Die meteorol. und klimat. Verhältnisse Elsaß-Lothringens.
10. Beobachtungstabellen der meteorol. Landesanstalt von Elsaß-Lothringen.
11. Annuaire de la Soc. Mét. de France.
12. Annales du Bureau Central Mét. de France.

I. Zweck und Methode der Untersuchung.

Abgesehen von der wissenschaftlichen Neugierde, dem Bestreben einer Naturerscheinung auf den Grund zu gehen, Bedingung, Form und Verbreitung ihres Auftretens einer Prüfung zu unterziehen und zwar einer viel schärferen, als rein praktische Bedürfnisse es erheischen, haben Forstverwaltung und Landwirtschaft, sowie die die Wasserkräfte ausnützende Industrie ein großes Interesse daran, in Erfahrung zu bringen, wieviel Regen durchschnittlich im Lande fällt, wie dieser Regen auf die einzelnen Monate und wie auf die einzelnen morphologisch von einander abweichenden Gebiete, die Rheinebene, lothringische Hochebene, die Nordvogesen mit den zum Teil in zahlreichen Mäandern langsam dahingleitenden Gewässern und die zu größeren Höhen sich erhebenden Südvogesen mit ihren zwischen steilen Gebirgswänden dahinrauschenden Bächen sich verteilt. Für bautechnische Zwecke ist es ferner wertvoll zu wissen, welches die größten Niederschlagsmengen sind, die durchschnittlich in den einzelnen Gegenden des Landes vorkommen. Zum Zweck der genauen Untersuchung all dieser Fragen ist von der meteorologischen Landesanstalt als Ergänzung der von der Industriellen Gesellschaft in Mülhausen und der Forstverwaltung schon seit geraumer Zeit unterhaltenen Beobachtungsstationen über das ganze Land zerstreut ein ziemlich dichtes Netz neuer Stationen eingerichtet, die eng genug bei einander liegen, um eine strenge Kontrolle der Beobachtungen zu ermöglichen. Durch diese letzteren soll nun in erster Linie die Menge der Niederschläge und die Art ihres Auftretens festgestellt werden. Die Niederschlagsmenge wird bezeichnet durch die Höhe in Millimetern, bis zu welcher das Regenwasser oder das von Schnee, Hagel, Nebel, Graupeln herrührende Wasser den Erdboden bedecken würde, wenn es nicht zum Teil verdunstete, in den Boden einsickerte oder seitlich abflösse. Zur Messung der Niederschlagshöhe dient der Regenmesser, ein Gefäß von der Form eines Cylinders, der aus zwei Teilen besteht, nämlich aus dem oberen Auffanggefäß, welches unten mit einem Trichter abschließt, und aus dem Behälter für die Sammelflasche, in welcher das durch den Trichter einlaufende Regen- oder Schmelzwasser bis zur Messung, die jeden Morgen zu erfolgen hat, gegen Verdunstung geschützt verbleibt. Behufs Messung wird der Inhalt in ein mit Skala versehenes Meßglas entleert, welches so geteilt ist, daß der Raum zwischen zwei Teilstrichen einem Zehntel Millimeter Regenhöhe entspricht. Eine verbesserte Form des Instruments, der selbstregistrierende Regenmesser von Hellmann, gestattet, mit Hülfe eines Uhrwerks gleichzeitig die Dauer des Regenfalls und, was für gerichtliche Entscheidungen oft sehr wichtig ist, den Zeitpunkt desselben genau festzustellen. Kennt man aber die Dauer des Regenfalls und die gemessene Regenmenge, so ergibt sich aus beiden die Intensität des Regens. Diese letztere interessiert nicht minder wie die beiden ersteren, denn es ist ein großer Unterschied, ob eine gewisse Regenmenge von einem kurz andauernden, sommerlichen, großtropfigen Schlagregen oder beispielsweise lang andauernden aber kleintropfigen, schwachen Nebelrieseln herrührt. Ferner gestattet das Hellmannsche Instrument, die Verteilung des Regens auf die einzelnen Stunden des Tages in Erfahrung zu bringen.

Ein Vergleich der an den einzelnen Stationen gemessenen Niederschläge ist nur dann möglich, wenn sorgfältig beobachtet wird und das Instrument überall vorschriftsmäßig aufgestellt ist, bei der einen Station also nicht etwa durch Windwirkung, Schneewehungen oder dadurch, daß das Instrument im Regenschatten eines Hauses steht, zu große bezw. zu kleine Mengen notiert werden. Lücken in dem Beobachtungsmaterial können in der Weise ergänzt werden, daß man die eine Station mit den fehlenden Beobachtungen auf die Nachbarstation reduziert. Wir wollen annehmen, die Station A habe 10 Jahre lang ununterbrochen, die Station B hingegen nur 8 Jahre hindurch lückenlos beobachtet. Man addiert nun die Monatssummen der gemeinsamen Beobachtungen und berechnet dann aus folgender Proportion:

$$\frac{\text{8jähr. Summe von A}}{\text{8jähr. Summe von B}} = \frac{\text{10jähr. Summe von A}}{\text{10jähr. Summe von B}}$$

die fehlende Summe der zehnjährigen Beobachtungen von B. Bei der Wahl der Station, nach welcher man reduziert, wird man derjenigen den Vorzug geben, die womöglich die gleiche geographische Lage besitzt, deren Beobachtungszahlenkurve am besten mit der zu untersuchenden Station übereinstimmt. So kann z. B. die Station Wolfenhütte, die erst seit etwa 10 Jahren beobachtet, bequem auf die Station Lützelburg, die schon über 30 Jahre lang beobachtet, reduziert werden. Beide Punkte liegen in gleicher Höhe, beide in Vogesentälern, die genau parallel zu einander laufen, die Entfernung der beiden beträgt in der Luftlinie 8 Kilometer, beide Orte liegen genau in der Richtung der vorherrschenden Regenwinde und die Kurven der gemeinsamen 10jährigen Notierungen stimmen sehr gut miteinander überein. Man kann daher in der angegebenen Weise für die Station Wolfenhütte die fehlenden Zahlen berechnen, welche von den wahren Beobachtungswerten, die man also erhalten hätte, wenn Wolfenhütte ebenfalls 30 Jahre lang beobachtet hätte, nicht merklich abweichen werden. Die der Reduktion vorausgehende graphische Aufzeichnung der gleichzeitigen Beobachtungen ist deshalb erforderlich, weil man durch sie auf Fehler in den Regentabellen aufmerksam gemacht wird. So zeigten z. B. die Kurven der gleichzeitigen, 20jährigen Beobachtungen von Wesserling, Belchen und Lauchensee eine verhältnismäßig gute Übereinstimmung, bloß an einer Stelle wich die Station Belchen von den beiden anderen, die dort gut übereinstimmen, so auffallend stark ab, daß man unbedingt eine fehlerhafte Beobachtung bzw. Berechnung annehmen muß. Das fünfjährige Mittel für den Februar (Periode 1891—95) ist entschieden zu hoch und muß korrigiert werden nach den beiden andern Stationen.

Es ist ferner instruktiv zu sehen, wie die Kurven der 10-, 20- und 30jährigen Mittel ein und derselben Station von einander abweichen. Je mehr Jahre man wählt, um so reifer werden die Kurven, um so mehr verlieren sie den jugendlichen Charakter und nähern sich dem wahren Grenzwert, dessen Kenntnis der Hauptzweck der ganzen Untersuchung der Regenverhältnisse eines Ortes ist. 30jährige Beobachtungen genügen im allgemeinen nicht zur Festlegung dieser Grenzkurve. Man braucht nur die 60jährige Kurve von Trier zu vergleichen mit der 30jährigen von Metz, der Unterschied tritt sofort deutlich in Erscheinung. Ganz besonders werden in einem Gebiet, wie die Südvogesen, wo die einzelnen Monatssummen so stark von einander abweichen, je nach der Auswahl der 30 jährigen Periode ganz verschiedene Kurven herauskommen, in den Hauptzügen werden sie übereinstimmen, aber daneben werden doch deutliche Unterschiede zu erkennen sein. Erst eine lange Reihe von Beobachtungen wird diese Unterschiede verschmelzen. Je größer die Anzahl der Jahrgänge, um so größer der Grad von Genauigkeit, um so enger werden sich die Beobachtungskurven den Grenzkurven anschmiegen.

Die graphische Aufzeichnung der beobachteten Niederschlagswerte und der Vergleich der benachbarten Kurven allein genügt noch nicht zur Kontrolle der Resultate. Die Kurven können sehr schön übereinstimmen, trotzdem können noch geringe Fehler vorhanden sein, auf die man erst geführt wird, wenn man die Monatsmittel in die geographische Karte einträgt. Diese Art von Kontrolle gilt natürlich nur in beschränktem Maße und ist nur anwendbar da, wo die Beobachtungsstationen sehr dicht bei einander liegen. Man wird durch sie auf örtliche Verschiedenheiten aufmerksam gemacht, die einem sonst entgehen würden. Beim Dollertal z. B., welches die fünf Beobachtungsstationen Alfeld, Seven, Oberbruck, Masmünster und Sentheim besitzt, fällt auf, daß die aus den Tabellen berechneten Mittel kleiner werden, je mehr man talabwärts schreitet, wie man das bei den übrigen Tälern auch beobachtet. Nur die Zahlen von Sentheim sind für einzelne Monate etwas größer wie die des etwas höher gelegenen Masmünster. Eine kleine Korrektion kann man daher schon vornehmen. Gewitterregen können den Überschuß nicht verursachen, denn die Entfernung der beiden Talstationen ist zu gering. Viel auffallender sind die Unterschiede in den Zahlen vom Oelenberg und dem benachbarten Heimsbrunn. Bei Betrachtung der Kurven möchte man Oelenberg als Zwischenglied zwischen Rheintaltypus und der Kurve von Thann, Gebweiler eventuell noch gelten lassen, auf der Karte betrachtet fallen die Zahlenunterschiede der beiden Orte — die topographischen Verhältnisse sind nicht sehr verschieden — so sehr auf, daß man sich entschließen muß, die Angaben von Oelenberg ganz fallen zu lassen, da Heimsbrunn den andern Stationen sich sehr gut anpaßt. Die Beobachtungen von Oelenberg waren stets lückenhaft und zu viele Reduktionen erforderlich. Anders hingegen liegen die Verhältnisse bei den Stationen Mülhausen und Salzlecke. Auch hier wieder große Zahlenunterschiede trotz enger Nachbarschaft. Man muß sich aber hüten vor etwaigen Korrektionen, die man bei oberflächlicher Betrachtung vorzunehmen geneigt wäre. Die Zahlenunterschiede, so auffallend sie auch sein mögen, kehren fast in jeder Beobachtungstabelle wieder. Wenn man nach der Ursache derselben sucht und alle die Punkte der Reihe nach durchgeht, die beiden Stationen gemeinsam bzw. nicht gemeinsam sind, dann sind besonders zwei hervorzuheben, nämlich die größere Annäherung von Salzlecke an den Rhein — Salzlecke wird daher eine Regenkurve aufweisen ähnlich der von Hüningen und Rheinau, während Mülhausen mehr Übereinstimmung mit den Kurven von Wolfersdorf oder Heimsbrunn zeigen wird — und dann die Nachbarschaft der Industriestadt Mülhausen. Salzlecke liegt genau in der Richtung der Regenwinde von Mülhausen entfernt, es liegt im Regenschatten der großen Fabrikstadt mit ihrer durch Staub und Rauchteilchen stark getrübten Atmosphäre. Staub aber bildet für die Kondensation des Wasserdampfes gute Ansatzpunkte. Es ist daher kein Zufall, wenn die Unterschiede der Beobachtungswerte am größten sind in den Monaten, wo das Kondensationsniveau der Erdoberfläche näher liegt.

Die in der angegebenen Weise gewonnenen und näher geprüften Mittel der Niederschlagshöhen sollen nun im folgenden Abschnitt unter Beifügung der Regenkurven mitgeteilt werden. Von den 58 Stationen des Landes besitzt weitaus die Mehrzahl 30jährige Beobachtungen. Von den Stationen: Belchen, Lauchensee, Alfeld, Mittlach, St. Peter, Mittersheim liegen nur 20jährige, von Salzlecke 25jährige, von Wolfenhütte 10jährige Beobachtungen vor. Diese letzteren Stationen wurden alle nach Nachbarstationen auf die 30jahrige Periode von 1880—1910 reduziert. Bezüglich des Reduktionsverfahrens und der Auswahl der Vergleichsstationen gelten für die vorliegende Arbeit genau dieselben Bemerkungen, die E. Kleinschmidt zu seiner Arbeit über die Niederschlagsmittel von Elsaß-Lothringen im meteorologischen Jahrbuch, Jahrgang 1903 gemacht hat. Die dort niedergelegten Resultate sind von mir benützt worden, sie haben die Berechnung der 30jährigen Mittel wesentlich erleichtert. Das Zeichnen der Niederschlagskarten machte es erforderlich, auch die Westseite der Vogesen mit in die Betrachtung einzuschließen. Für die

Stationen Nancy, Baccarat, Brujères, Epinal, Cornimont, Remiremont und Ramonchamp wurden die 30 bzw. 25 jährigen Mittel berechnet. Die übrigen Stationen wurden nach ihnen reduziert unter Benützung der Beobachtungen von 20, 15 und 10 Jahrgängen.

II. Monats- und Jahresmittel der Niederschläge, Niederschlagskurven.

Periode 1880—1910.

1. Lothringen.

Die topographisch stark von einander abweichenden Teile des Landes, die lothringische Hochebene, die Rheinebene, die Nordvogesen und Südvogesen zeigen in bezug auf die Niederschlagsverhältnisse so große Unterschiede, daß es sich empfiehlt, für jedes Gebiet die Zahlenwerte getrennt mitzuteilen:

I. Lothringen.

J	F	M	A	M	J	J	A	S	O	N	D	Jahr	Schwkg.	Ort	Meereshöhe
59	52	60	47	49	64	59	58	65	*79*	67	78	737	32	Weimeringen	**180**
51	48	56	45	56	69	73	67	70	*78*	62	67	750	33	Obersierk	**260**
43	38	50	43	47	64	*69*	59	58	68	57	61	648	31	Metz	**170**
42	39	49	41	48	66	65	56	55	*67*	57	59	634	28	Polka	**170**
40	39	50	42	54	*68*	62	56	56	67	55	56	640	29	Novéant	**175**
53	49	54	50	63	74	72	64	60	*77*	65	68	**739**	28	Nancy	**220**
48	46	60	53	62	73	*76*	68	65	74	64	62	740	30	Neumatt	**350**
58	53	62	52	57	76	*83*	65	66	78	70	73	810	31	Lubeln	**250**
45	42	52	46	57	*76*	74	69	62	70	61	64	709	34	Eichhoff	**345**
48	50	56	45	53	70	*74*	63	66	72	61	66	724	29	Saargemünd	**200**
57	53	58	50	58	76	*82*	69	70	75	67	72	770	32	Mittersheim	**230**
43	43	50	46	57	71	*74*	61	63	68	61	64	692	31	Lagarde	**230**
56	58	64	57	65	79	*83*	67	71	79	72	74	813	27	Gondrexange	**270**
48	46	51	46	56	74	*75*	61	62	73	65	67	**723**	29	Einville	**225**
48	46	53	48	58	75	*76*	61	62	73	66	68	**734**	30	Lunéville	**225**
46	47	58	46	54	*76*	71	58	58	73	65	67	**719**	30	Toul	**211**
46	47	55	46	57	*76*	75	63	63	75	67	69	**739**	30	Bajon	**250**
46	46	56	46	58	*78*	76	65	64	77	67	69	**738**	32	Vézélise	**293**
46	46	54	42	54	*76*	72	64	63	76	67	69	**729**	30	Charmes	**269**

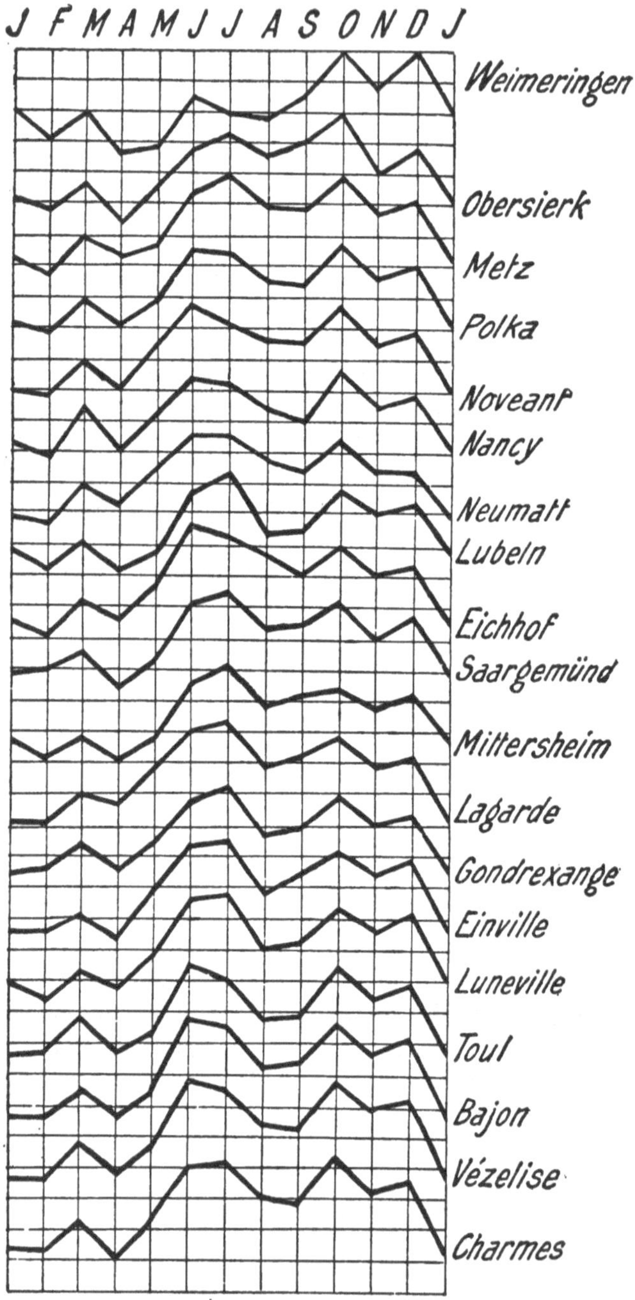
J F M A M J J A S O N D J
Weimeringen
Obersierk
Metz
Polka
Noveant
Nancy
Neumatt
Lubeln
Eichhof
Saargemünd
Mittersheim
Lagarde
Gondrexange
Einville
Luneville
Toul
Bajon
Vézelise
Charmes

Die graphische Aufzeichnung der in der Tabelle mitgeteilten Zahlen ergibt Kurven von verhältnismäßig geringer Amplitude, Erhebungen und Vertiefungen wechseln ab in rascher Aufeinanderfolge. Der nördliche Teil, die Kurve von Weimeringen, steigt am stärksten an in den Monaten Oktober und Dezember. Dieses Maximum übertrifft das des Monats Juni und März um 15 bzw. 19 mm. Man wäre geneigt, die Erscheinung auf die mehr nördliche Lage, auf die Annäherung an das Meer zurückzuführen. Die Küstenstationen des Kanals besitzen durchweg das Hauptmaximum der Niederschläge im Spätjahr. Die Kurve von Brüssel hingegen weicht vom Küstentypus schon sehr stark ab, sie besitzt das Hauptmaximum im Juli und erst ein sekundäres im Oktober. Weimeringen, das vom Meere noch weiter entfernt liegt, müßte demnach ähnliche Verhältnisse aufweisen. Wenn das trotzdem nicht der Fall ist, so dürfte die Abweichung auf die größere Erhebung des waldigen Geländes des nördlichen Lothringens auf der linken Moselseite zurückzuführen sein. Dieses Gelände ist reich gegliedert und trägt strichweise Gebirgscharakter, besonders die waldigen Höhen zu beiden Seiten des schmalen, tief eingeschnittenen, industriereichen Ornetals und die Gegend weiter nördlich bis nach Luxemburg. Die Gebirgskurven unseres Gebietes zeigen fast durchweg ein starkes Ansteigen in den Herbst- und Wintermonaten, das Sommermaximum tritt etwas zurück. Die Kurven der übrigen lothringischen Stationen stimmen sehr gut miteinander überein. Die meisten Niederschläge fallen in den gewitterreichen Monaten Juni und Juli und im Herbst. Die Wintermonate und das Frühjahr sind am niederschlagärmsten. Bei den mehr westlich gelegenen Stationen liegt das Sommermaximum im Juni, vgl. Novéant, Eichhoff, bei den übrigen im Juli.

2. Rheinebene, Sundgau, Elsässer Jura.

Die Niederschlagskurven des Rheintals haben eine wesentlich andere Form wie die der Lothringer Hochebene. Das Sommermaximum tritt hier sehr scharf hervor, die sekundären Maxima verschwinden entweder ganz oder treten stark in den Hintergrund. Interessant ist die gute Übereinstimmung der Kurven von Colmar und Ergersheim. Gleiche Wirkung läßt auf gleiche Ursache schließen. Beide Punkte liegen dicht am Rande des Gebirges, welches mauerartig vor der Rheinebene sich erhebt. Über diese Mauer stürzen die Luftmassen, die auf der Höhe des Gebirges und den weiter westwärts gelegenen Partien ihre Feuchtigkeit zum größten Teil abgegeben haben, hinab, beim Hinabströmen in die Ebene werden sie komprimiert, Kompression hat Erwärmung zur Folge, Erwärmung verhindert weitere Kondensation des Wasserdampfes. Die weiter in der Nachbarschaft des Rheins gelegenen Stationen zeigen eine geringe Änderung in der Form der Kurve, weil dort die Wirkung der Gewitterregen sich stärker geltend macht. Bei den Stationen des Sundgaus nimmt die Amplitude ab, das Sommermaximum tritt zurück, das Herbstmaximum steigt kräftig an.

II. Rheinebene, Sundgau, Elsässer Jura.

J	F	M	A	M	J	J	A	S	O	N	D	Jahr	Schwkg.	Höhe	Ort
29	32	36	52	56	**82**	70	73	72	63	45	40	644	53	245	Hüningen
45	41	47	49	57	68	**73**	61	66	70	57	59	692	32	240	Mülhausen
35	32	39	45	62	66	**80**	64	63	66	48	49	645	48	230	Salzlecke
47	48	57	56	68	**80**	79	70	75	83	71	68	800	33	265	Heimsbrunn
61	53	56	53	55	70	67	57	62	**72**	63	68	737	29	285	Oelenberg
56	58	66	61	68	77	78	74	75	**86**	70	73	837	30	300	Wolfersdorf
21	27	28	40	59	**74**	71	60	54	56	36	29	547	53	195	Breisach
22	23	28	36	51	**64**	63	47	49	51	36	28	491	42	190	Colmar
22	25	31	39	52	**69**	66	55	52	58	39	33	556	47	180	Schlettstadt
26	31	35	43	57	78	**83**	64	63	59	40	33	611	57	160	Rheinau
35	33	44	49	62	81	**89**	69	67	64	47	45	679	56	140	Kehlerbrücke
32	34	43	47	65	78	**90**	68	64	63	45	42	651	58	140	Straßburg
41	43	60	56	63	83	**91**	71	71	74	59	63	771	50	150	Hagenau
52	51	62	55	67	81	**93**	74	69	75	64	70	820	42	135	Eberbach
40	43	54	47	58	69	**83**	65	61	69	58	61	695	43	110	Lauterburg
29	29	57	41	54	**72**	71	52	54	56	43	41	576	43	160	Ergersheim
66	67	87	102	110	**128**	120	109	98	115	77	91	1165	62	525	St. Peter
53	52	64	80	95	**110**	98	89	86	90	60	65	955	58	450	Wolschweiler
53	54	67	79	89	**109**	106	92	90	92	72	70	990	56	450	Ottendorf
54	55	73	71	77	**93**	85	79	81	92	68	74	900	39	300	Tagolsheim
56	58	66	61	68	77	**78**	74	75	86	70	73	837	32	300	Wolfersdorf

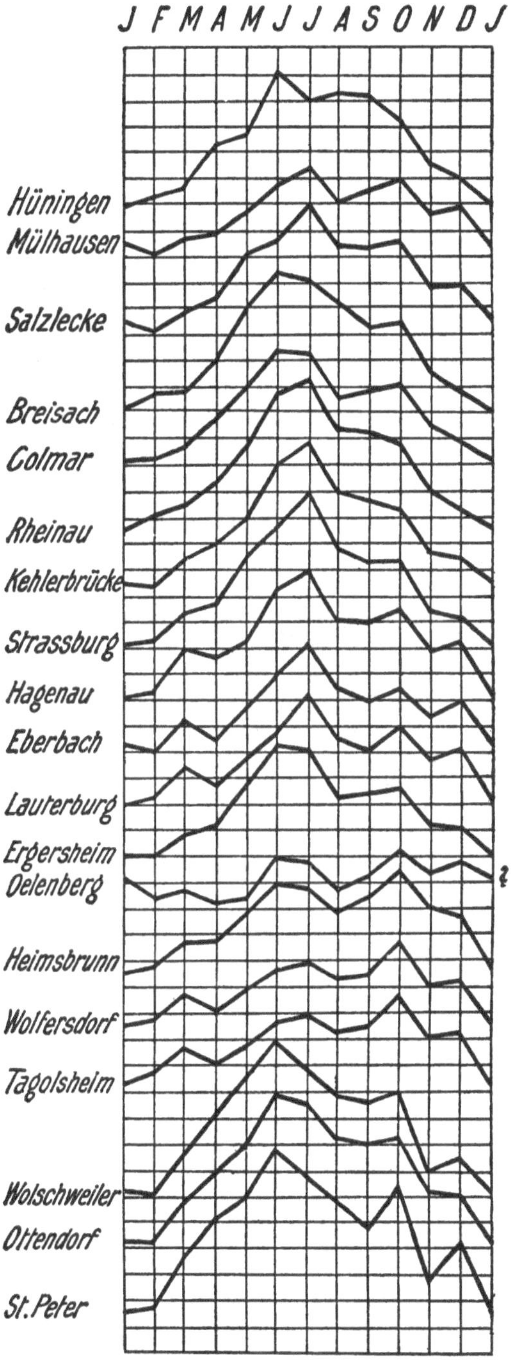
J F M A M J J A S O N D J
Hüningen
Mülhausen
Salzlecke
Breisach
Colmar
Rheinau
Kehlerbrücke
Strassburg
Hagenau
Eberbach
Lauterburg
Ergersheim
Oelenberg
Heimsbrunn
Wolfersdorf
Tagolsheim
Wolschweiler
Ottendorf
St. Peter

Die Kurven des Elsässer Jura haben mit den Rheintalkurven die starke Amplitude und das kräftige Sommermaximum gemeinsam, aber das Teilmaximum des Oktobers ist etwas stärker ausgeprägt. Das Minimum fällt in der Rheinebene sowohl wie im Sundgau und Jura auf den Winter.

3. Nord- und Südvogesen.

III. Nord- und Südvogesen.

J	F	M	A	M	J	J	A	S	O	N	D	Jahr	Schwkg.	Höhe	Ort
148	132	140	110	120	127	120	95	102	162	155	198	1572	103	650	Mittlach
166	153	175	131	140	148	154	133	140	175	167	213	1893	82	570	Wildenstein
139	122	134	102	101	127	127	99	102	146	141	182	1532	83	465	Odern
100	96	110	93	98	110	116	97	97	135	114	150	1279	57	425	Wesserling
171	160	181	120	120	161	161	126	129	166	157	242	1960	122	1390	Belchen
177	160	165	135	147	160	160	117	136	192	190	240	2020	123	930	Lauchensee
177	173	191	141	144	145	155	124	141	222	194	258	2010	134	620	Alfeld
154	139	153	110	119	124	130	104	118	174	166	216	1705	112	500	Seven
124	116	127	96	95	106	107	88	103	148	150	174	1401	86	460	Oberbruck
122	109	124	95	94	103	98	85	98	139	134	172	1370	87	410	Maßmünster
116	102	109	94	99	108	107	96	98	136	133	163	1365	69	360	Sentheim
89	77	80	69	67	91	88	67	76	109	97	114	1023	47	345	Thann
64	54	63	53	64	81	77	62	60	76	68	79	801	28	300	Gebweiler
115	106	112	87	87	106	106	82	85	116	113	129	1243	47	470	Sengern
39	37	39	38	59	72	71	51	49	59	50	49	611	34	250	St. Gilgen
74	70	79	63	70	91	84	68	68	97	80	99	939	36	390	Münster
54	53	58	50	56	68	70	48	50	67	55	69	690	22	360	Eschelmer
57	56	64	59	69	78	88	62	60	73	59	78	799	32	400	Baumschule
92	80	99	85	108	122	133	97	103	117	108	124	1250	53	480	Karlstal
109	102	115	96	112	120	141	108	118	137	129	141	1416	45	700	Hirschkopf
116	119	129	108	115	123	134	106	112	152	139	168	1486	62	935	Melkerei
98	96	107	81	95	100	111	91	91	117	110	143	1224	62	345	Rothau
55	49	58	52	66	75	81	61	60	70	66	75	768	32	220	Weissenberg
62	54	66	59	70	86	85	74	73	79	72	80	857	32	200	Wolfenhütte
56	57	67	56	71	87	88	75	72	79	70	80	856	32	210	Lützelburg
60	54	65	55	65	82	85	74	71	77	71	82	843	31	300	Herrenwald
56	49	62	53	62	82	78	76	72	77	70	74	810	33	280	Erlenmus

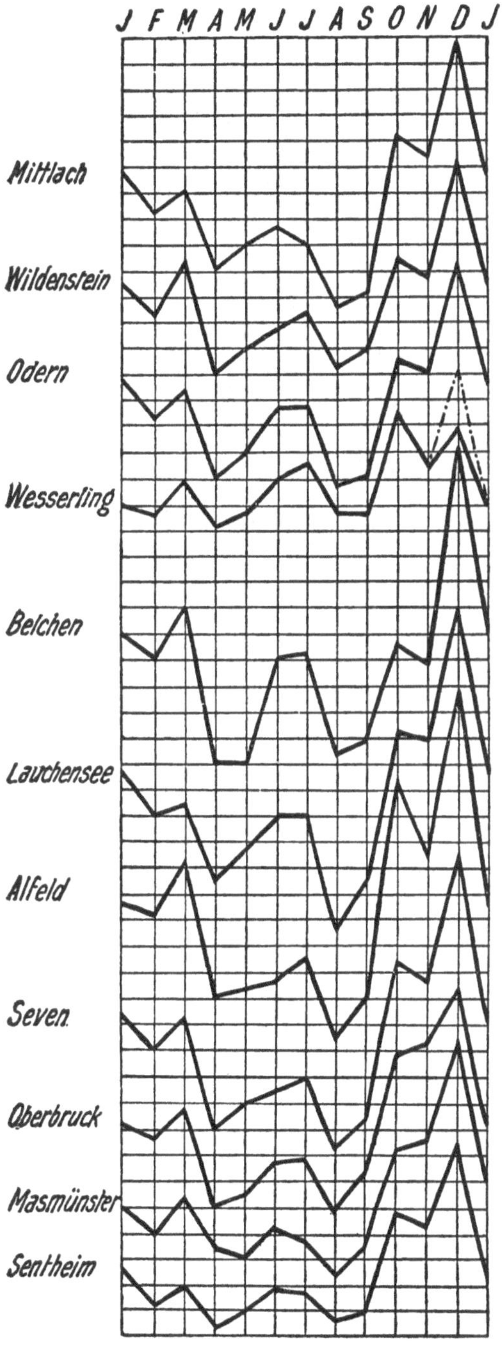

Die Talstationen der nördlichen Vogesen zeigen im Verlauf ihrer Kurven eine ziemlich große Ähnlichkeit mit den Stationen der Lothringer Hochebene, je mehr aber das Gebirge ansteigt, je weiter man fortschreitet in südlicher Richtung, um so mehr tritt das Sommermaximum zurück und um so schärfer treten die Maxima des März und Dezember hervor. Das gilt sowohl für die Ost- wie die Westseite der Vogesen. Die Hauptminima fallen auf die Monate April, Mai, August und September. Ein schwächeres Minimum fällt auf den Januar und Februar. Im einzelnen werden die Kurven besonders der Südvogesen durch Hinzufügung einer längeren Beobachtungsperiode geringe Ver-

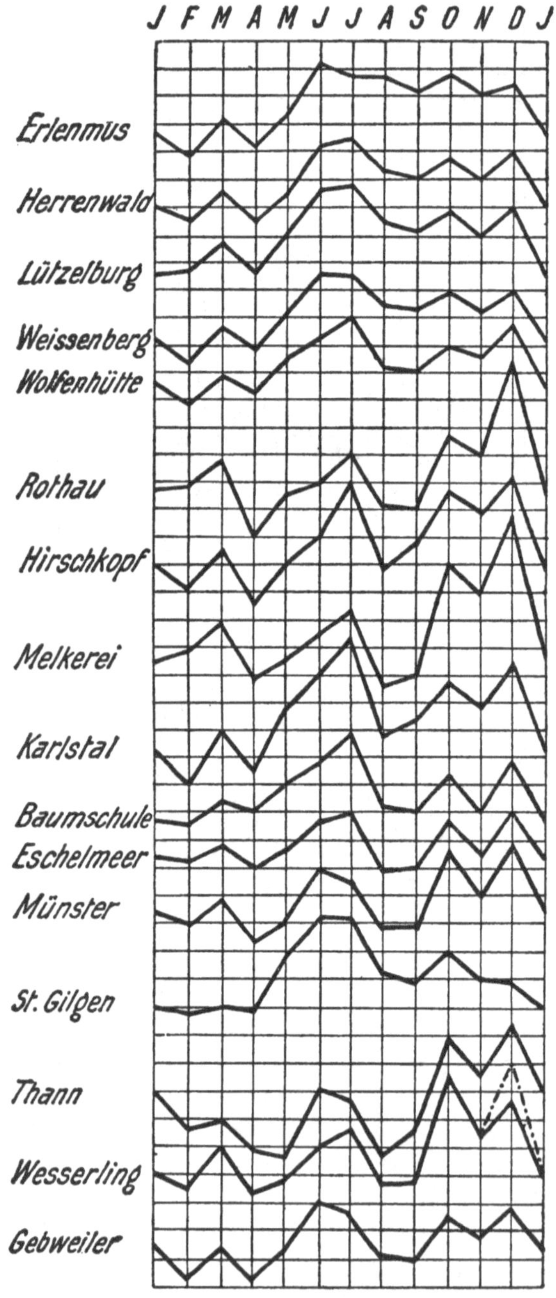
J F M A M J J A S O N D J
Erlenmüs
Herrenwald
Lützelburg
Weissenberg
Wolfenhütte
Rothau
Hirschkopf
Melkerei
Karlstal
Baumschule
Eschelmeer
Münster
St. Gilgen
Thann
Wesserling
Gebweiler

änderungen erfahren, die Grundzüge werden aber erhalten bleiben. Die Kurve von Wesserling ist an einer Stelle korrigiert worden. Bei Thann sowohl wie den oberhalb Wesserling gelegenen Stationen übertrifft das Monatsmittel des Dezember das Oktobermittel. Bei Wesserling dürfte daher das gleiche der Fall sein.

4. Westseite der Vogesen.

Die Niederschlagskurven der Westseite der Vogesen gehören teils dem Lothringer-, teils dem Gebirgstypus an, wie er uns in Tabelle III begegnet ist. Wenn sie überhaupt in einer besonderen Gruppe zusammengestellt sind, so ist das deshalb geschehen, um deutlich den Unterschied zwischen West- und Ostseite des Gebirgszuges hervorzuheben. Dieser Unterschied besteht, wie wir sehen, nicht bloß auf Verschiedenheit des Quantums der Regenmenge, sondern vor allen Dingen auf einer ganz verschiedenen jahreszeitlichen Verteilung derselben. Begibt man sich von der Rheinebene aus über die Nordvogesen nach Lothringen, dann auf der Lothringer Hochebene weit südwärts

IV. Westseite der Vogesen.

J	F	M	A	M	J	J	A	S	O	N	D	Jahr	Schwkg.	Höhe	Ort
161	151	152	116	124	138	140	119	116	166	155	190	1728	74	470	Ramonchamp
175	153	166	119	124	144	150	126	118	174	160	206	1815	88	518	Cornimont
168	156	166	122	128	148	153	133	129	170	164	208	1845	86	740	Col de Bussang
178	160	170	120	123	143	147	127	123	129	174	214	1858	94	780	Retournemer
146	132	140	98	102	122	126	112	106	150	147	184	1565	86	687	Gérardmer
85	78	94	69	100	116	120	90	90	113	108	114	1177	45	480	Brujères
72	68	82	69	84	95	93	78	72	103	86	93	995	34	330	Epinal
102	93	104	85	108	116	120	104	94	129	110	121	1286	36	400	Remiremont
68	64	77	62	90	105	106	85	80	99	86	98	1020	44	385	Saulcy
102	92	110	87	110	136	136	110	106	127	118	130	1364	49	500	Hardale Plhg.
59	56	73	56	78	85	84	70	73	90	82	85	891	29	286	Raon l'Etappe
141	137	152	129	143	158	162	138	142	167	159	179	1807	50	840	Prajé
98	92	112	83	98	110	112	94	96	120	113	133	1261	50	344	Senones
56	54	67	55	75	83	82	69	67	82	73	76	839	29	286	Baccarat
52	54	64	50	64	79	81	66	66	77	72	74	799	31	263	Blamont
53	52	65	57	74	82	75	68	65	84	74	78	827	32	284	Rambervillers

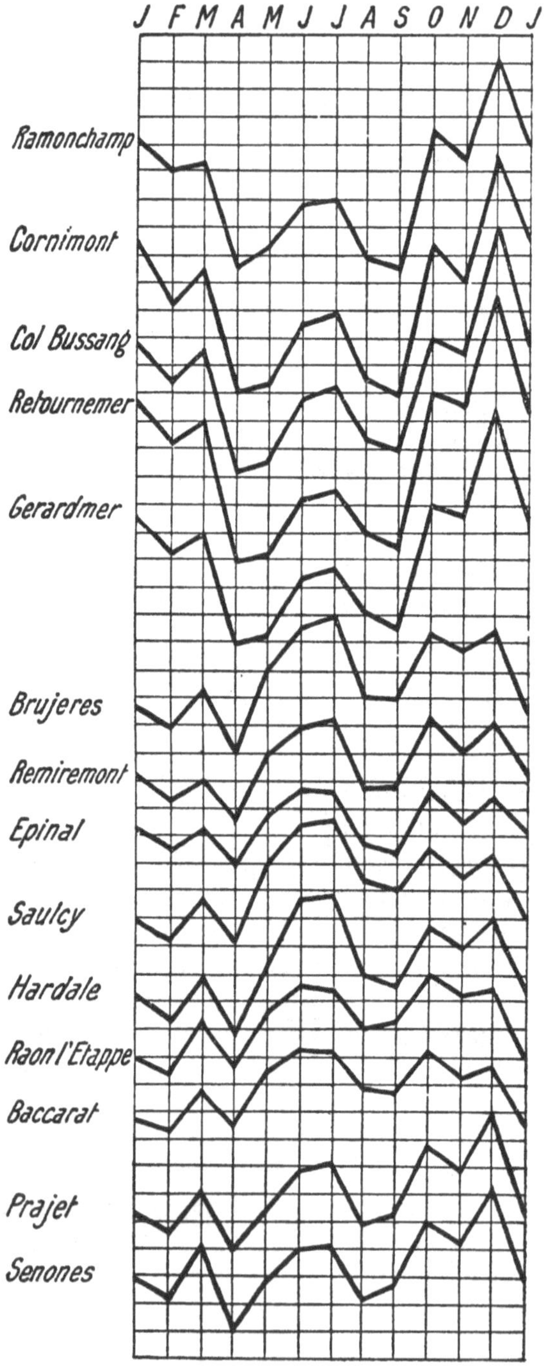
J F M A M J J A S O N D J
Ramonchamp
Cornimont
Col Bussang
Retournemer
Gerardmer
Brujeres
Remiremont
Epinal
Saulcy
Hardale
Raon l'Etappe
Baccarat
Prajet
Senones

auf französisches Gebiet, dann von dem Gebiet der oberen Maas ostwärts dem Gebirge zu und dieses überschreitend hinab in die Rheinebene, dann stellen die Niederschlagskurven eine Funktion dieses Weges dar, eine Funktion, die sich stetig ändert, am Steilabfall des Gebirges aber sprungweise sich ändert, indem an Stelle des Wintermaximums plötzlich ein Sommermaximum tritt.

5. Die verschiedenen Typen von Regenkurven.

30jährige Monatsmittel der Niederschlagshöhe in Prozenten der mittleren Jahresmenge.

Ort	J	F	M	A	M	J	J	A	S	O	N	D
Mülhausen	6,5	5,9	6,8	7,1	8,2	9,8	10,5	8,8	9,5	10,1	8,2	8,5
Colmar	4,5	4,7	5,7	7,3	10,4	13,0	12,8	9,6	10,0	10,4	7,3	5,7
Straßburg	4,9	5,2	6,6	7,2	10,0	12,0	13,8	10,4	9,8	9,7	6,9	6,4
Hagenau	5,3	5,6	7,8	7,2	8,2	10,8	11,8	9,2	9,2	9,6	7,6	8,2
Lauterburg	5,7	6,2	7,8	6,8	8,3	9,9	11,9	9,4	8,8	9,9	8,3	8,8
Metz	6,6	5,9	7,7	6,6	7,2	9,9	10,6	9,1	8,9	10,5	8,8	9,4
Gondrexange	6,9	7,1	7,8	7,0	8,0	9,7	10,2	8,2	8,7	9,7	8,8	9,1
Saargemünd	6,6	6,9	7,7	6,2	7,3	9,7	10,2	8,7	9,1	9,9	8,4	9,1
Lützelburg	6,5	6,6	7,8	6,5	8,3	10,1	10,3	8,8	8,4	9,2	8,2	9,3
Rothau	8,1	7,9	8,8	6,7	7,8	8,3	9,1	7,5	7,5	9,7	9,1	11,8
Melkerei	7,8	8,0	8,7	7,3	7,7	8,3	9,0	7,1	7,5	10,2	9,4	11,3
Münster	7,9	7,5	8,4	6,7	7,5	9,6	8,9	7,2	7,2	10,3	8,5	10,5
Alfeld	8,8	8,6	9,5	7,0	7,2	7,2	7,7	6,2	7,0	11,0	9,7	12,8
Belchen	8,7	8,2	9,2	6,1	6,1	8,2	8,2	6,4	6,6	8,5	8,0	12,3
Ramonchamp	9,3	8,7	8,8	6,7	7,2	8,0	8,1	6,9	6,7	9,6	8,9	11,0
Brujères	7,2	6,6	7,9	5,8	8,5	9,8	10,2	7,6	7,6	9,6	9,1	9,7
Baccarat	6,7	6,4	7,9	6,5	8,9	9,9	9,8	8,2	8,0	9,8	8,7	9,1
Nancy	7,2	6,6	7,3	6,8	8,5	10,0	9,7	8,7	8,1	10,4	8,8	9,2
Wolschweiler	5,5	5,4	6,7	8,4	9,9	11,5	10,2	9,3	9,0	9,4	6,3	6,8
Wolfersdorf	6,7	6,9	7,9	7,3	8,1	9,2	9,3	8,8	8,9	10,2	8,4	8,7

Die verschiedenen Formen von Regenkurven, die wir in unserem Gebiete vorfinden, gewinnen ein ganz besonderes Interesse, wenn man sie vergleicht mit den allgemeinen Formen von Niederschlagskurven, die auf dem europäischen Festland und anliegenden Inseln und Meeren beobachtet werden. Bei den Kurven ist zweierlei zu unterscheiden, die Anzahl der

Maxima und Minima, sowie der Grad des seitlichen Ausschlags, die Amplitude. Der einfachste Fall bildet die Kurve mit einem Maximum und Minimum. Solche Regenkurven kommen teils im südlichen Teil des Mittelmeergebiets sowie in einzelnen Küstenstreifen von Schottland und Irland, teils im ganzen europäischen Binnenland östlich von etwa 20° östl. Länge von Greenwich vor. Man vergleiche die Kurven der Stationen Seathwaite und Rothesay, Palermo, Katharinenburg oder Hermannstadt (s. Hellmann, Schwankungen der Niederschläge im Band III der Abhandlungen des königl. preuß. meteorolog. Instituts). Die drei ersten zeigen ein Maximum im Winter und ein Minimum im Frühjahr bzw. Sommer (ozeanischer Typus), die beiden letzteren besitzen ein stark ausgeprägtes Maximum im Sommer (kontinentaler Typus).

10jährige Mittel des Niederschlags 1881—90.

Ort	J	F	M	A	M	J	J	A	S	O	N	D
Nizza	69	57	66	84	79	43	21	20	76	137	108	65
Bordeaux	57	44	49	81	86	84	65	51	67	107	87	74
Nantes	53	48	57	50	63	63	68	50	58	97	104	86
Boulogne	52	50	48	46	46	38	52	64	77	109	81	78
Clermont	27	34	35	59	70	74	66	57	61	53	34	44
Pui-du-Dôme	109	140	130	156	116	118	125	120	118	141	141	153
50jährige Mittel (nach Hellmann).												
Trier	49	40	46	45	57	74	72	62	56	67	55	58
Stuttgart	34	32	41	49	70	84	79	67	53	49	44	42
München	40	35	49	69	96	123	120	109	82	61	49	44
Berlin	39	37	44	36	49	64	77	57	42	46	43	47
Moskau	30	25	31	35	49	54	72	71	58	42	40	39
Katharinenburg	9	8	10	14	40	72	69	61	40	24	19	11
Palermo	88	71	71	55	29	14	6	12	40	87	92	104

Aus der Überlagerung dieser beiden einfachen Perioden des ozeanischen und kontinentalen Typus ergeben sich für das übrige Europa Kurven mit mehreren Maxima und Minima. Schreitet man aus dem südlichen Mittelmeergebiet in nördlicher Richtung fort, so weisen die Kurven von Neapel, Rom,

Genua ein sekundäres Maximum im März auf. Das Hauptmaximum liegt bei Palermo im Dezember, bei Neapel im November, bei Rom und Genua im Oktober, die Minima fallen in erster Linie auf den Juli — in den Sommermonaten fällt häufig überhaupt kein Regen — und dann auf den Februar. Die Kurve von Nizza zeigt insofern wieder eine Abänderung, als das sekundäre Maximum auf den Monat April und Mai sich verschiebt. Eine weitere Verschiebung findet man bei den Kurven von Bordeaux und Nantes. Die erstere weist ein sekundäres Maximum im Mai auf, Minima von annähernd gleicher Stärke im Februar und August, bei der letzteren treten die sekundären Maxima ganz zurück gegenüber dem kräftigen Ausschlag im Oktober und November, noch viel stärker ist das der Fall bei den weiter nordöstlich gelegenen Küstenstationen. Boulogne z. B. weist eine Kurve auf mit einem sehr intensiven Maximum im Oktober, das Minimum fällt auf die Monate Mai und Juni, die Unterschiede in den Regenmengen der Monate Januar bis Juli sind sehr gering. Entfernt man sich von der Küste in der Richtung Paris—Nancy—Lothringen, so wird zunächst die Amplitude der Kurven viel geringer. Während Paris nur zwei Maxima aufweist im Oktober und Juni, Hauptminimum im Februar, tritt bei Nancy und den lothringer Stationen, die wir früher schon betrachtet haben, noch ein weiteres schwaches Maximum im März hinzu, so daß eine stark wellige Kurve entsteht. Je mehr man sich nun von Lothringen aus dem Innern Deutschlands und Rußlands nähert, um so mehr treten die sekundären Maxima zurück, die Amplitude wird immer stärker, bis dann der rein kontinentale Typus der Sommerregen allein vorherrschend wird. Die Kurven des Rheintals, soweit sie in unmittelbarer Nähe des Stromes liegen, z. B. Rheinau, Breisach, haben genau die Form des kontinentalen Typus. Das Gebirge nimmt eine Sonderstellung ein. Es sind gewissermaßen dieselben Kurven, wie sie in Lothringen auftreten, nur läßt die höhere Erhebung des Gebirges die Maxima des März und Dezember mächtig ansteigen, das Sommermaximum tritt ganz zurück.

Bei den Hochstationen des Schwarzwalds ist diese Erscheinung nicht festzustellen. Höchenschwand, Todtnauberg und Titisee weisen Kurven auf mit Maxima im März, Juni oder Juli und Oktober. Das Sommermaximum ist im Gegensatz zu den Vogesen kräftig entwickelt und an Stelle des Dezembermaximums tritt das des Oktober, welches aber im Vergleich zu den beiden andern Maximums nicht so scharf ausgeprägt ist, wie das Dezembermaximum der Vogesenkurven. Dieser Unterschied dürfte zum Teil auf die verschiedene Wirkung der Gewitter zurückzuführen sein. Gewitterböen, die in den Vogesen entstehen, wandern meist ostwärts, dem Rhein und Schwarzwald zu, die am meisten von ihnen betroffen werden. Ebenso entladen sich Gewitter, die im Schwarzwald entstehen und ostwärts wandern, im Gebiet des Neckar. So ist es zu erklären, daß Stuttgart z. B. eine Regenkurve aufweist, die der Straßburgs sehr ähnlich ist, während Freudenstadt auf der Ostseite des Schwarzwalds, aber noch im Gebirge selbst gelegen, im Gegensatz zu Stuttgart und den obengenannten Schwarzwaldstationen eine Regenkurve besitzt mit scharfausgeprägtem Wintermaximum ähnlich wie die Vogesenstationen. — Gewitter, die, was allerdings nicht häufig eintritt, westwärts wandern, also vom Neckar dem Schwarzwald und vom Rhein den Vogesen zu, sind von den Bewohnern der Vogesen- bzw. Schwarzwalddörfer ihrer Heftigkeit wegen ganz besonders gefürchtet.

Ähnlich wie der Schwarzwald verhält sich auch der Schweizer Jura. Die Kurve von St. Croix besitzt ein Hauptmaximum im Oktober und Juni, Minima im Februar, April und September. Es scheint, daß das winterliche alpine Luftdruckmaximum, welches von der ausgedehnten Schneedecke festgehalten wird, seinen Einfluß über das Alpengebiet hinaus auf Jura und Schwarzwald geltend macht. Dem starken Ausschlag im Dezember begegnet man weder im Jura noch im Schwarzwald, dagegen im französischen Zentralmassiv. Die Kurve von Pui-du-Dôme zeigt einen kräftigen Ausschlag in diesem Monat, genau wie die Stationen der Vogesen.

6. Schwankung der Niederschläge.

Trägt man in die Karte von Elsaß-Lothringen die Zahlen ein, die man erhält, wenn man das kleinste Monatsmittel vom größten subtrahiert, mit andern Worten die Amplituden der Niederschlagskurven, dann erhält man folgendes Bild: Das Gebiet mit Werten $>$ 50 mm wird umschlossen von einer Linie, die vom Rhein nach Hagenau, dann parallel dem Rhein zwischen Molsheim und Straßburg vorbei bis nach Hüningen sich erstreckt.

Es ist ein Gebiet mit positiver Schwankung, die Sommerregen überwiegen. Nach dem Gebirge zu, im Gebiet der Vorhügel nimmt die Schwankung ab, es findet ein allmählicher Übergang zum Gebiet mit vorherschenden Winterregen, also negativer Schwankung im Gebirge statt. In Lothringen sinkt die Schwankung herab auf etwa 30 mm, sie ist negativ im Nordwesten (Weimeringen), im übrigen Teil meist positiv. Der Maximal-

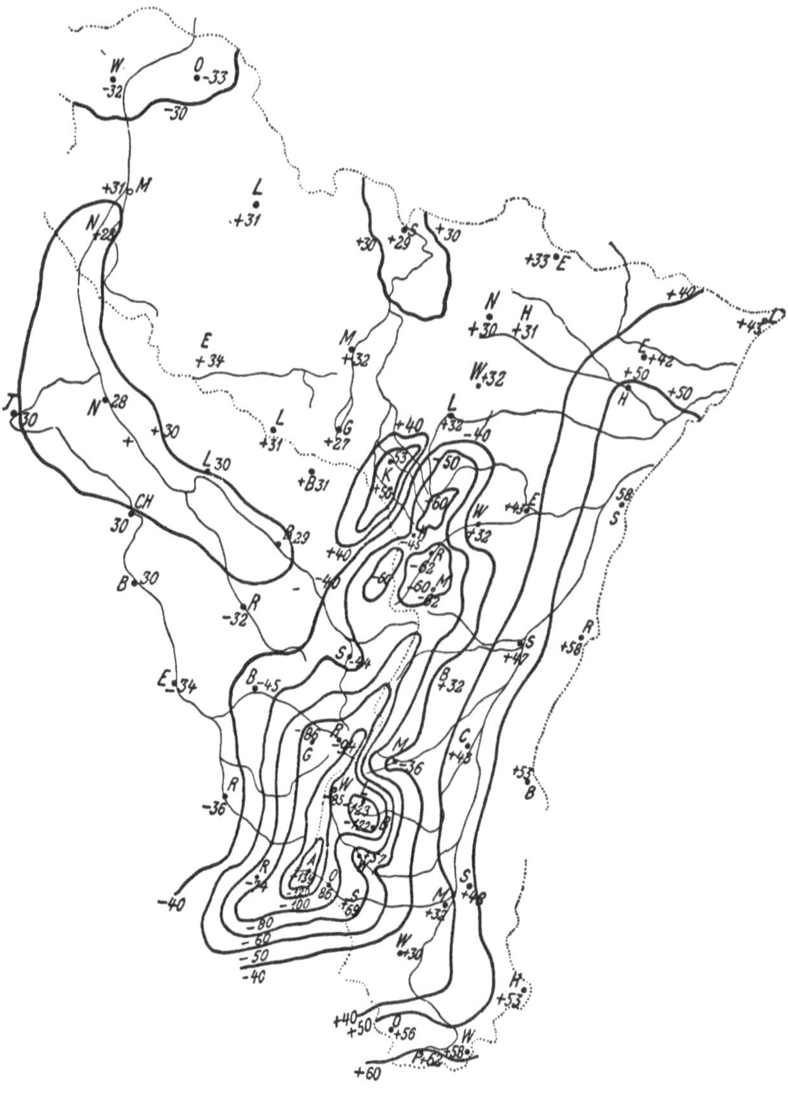

wert der Schwankung beträgt etwa 140 mm (in den Südvogesen), das Minimum rund 30 mm (Nordvogesen), 28 mm la Polka bei Metz, 27 mm in Gondrexange, im Gebiet der Mosel und Meurthe erreicht die Schwankung ihre geringsten Werte. Zum Vergleich seien die Schwankungswerte einer Reihe von Stationen angeführt, die mehr oder weniger weit außerhalb unseres Gebietes liegen.

	Minimum		Maximum		Differenz
Lissabon	3,2	Juli	103,3	November	100,1
Perpignan	20,2	Juli	60,7	Oktober	40,5
Rom	17,0	Juli	132,2	Oktober	115,2
Paris	27,9	Februar	56,7	Oktober	28,8
Greenwich	36,9	Februar	70,1	Oktober	33,2
Dijon	35,3	Februar	79,6	Oktober	34,3
Nancy	49,0	Februar	77,0	Oktober	28,0
Metz	38,0	Februar	69	Juli	31,0
			68	Oktober	30,0
Straßburg	32,0	Januar	90	Juli	58,0
Stuttgart	32,0	Februar	84	Juni	52,0
Berlin	37,0	Februar	77	Juli	41,0
	36,0	April			
Moskau	25,0	Februar	72	Juli	47,0
Katharinenburg	8,0	Februar	72	Juni	64,0

7. Regenkarten.

Trägt man für jeden einzelnen Monat die Niederschlagsmittel in das Kartenbild ein und umfaßt man die Gebiete, deren Niederschlagsmengen zwischen bestimmten Grenzen liegen, durch Linien, dann erhält man einen sehr guten Überblick über die Verteilung der Niederschläge in den einzelnen Monaten. Diese Verteilung tritt noch viel schärfer hervor, wenn man die verschiedenen Regenzonen durch Farben stärker hervortreten läßt. Die Stufenwerte sind so gewählt, daß für jeden Monat der Unterschied in der regionalen Verteilung des Niederschlags deutlich zu erkennen ist. Die Regenmengen von 20 bis 80 mm sind im Abstand von je 10 mm besonders gekennzeichnet, von 80 bis 200 im Abstand von nur 20 mm. Die Werte über 200 sind durch eine besondere Farbe hervorgehoben, durch dunkelblau, während die Gebiete mit geringen Niederschlägen braun gefärbt sind.

	J	F	M	A	M	J	J	A	S	O	N	D	J
Alfeld	177	173	191	141	144	145	155	124	141	222	194	258	2010
Colmar	22	23	28	36	51	64	63	47	49	51	36	28	491
Diffz.	155	150	163	105	93	81	92	77	92	171	158	230	1519

Die Differenzen zwischen den Mittelwerten von Alfeld und Colmar lassen erkennen, daß im Dezember sämtliche Farben vom dunkelsten Blau im Gebirge bis zum dunkelsten Braun in der Ebene Verwendung finden müssen. In den Monaten Januar bis März tritt das dunkle Braun auf, aber die ganz dunkeln Farben des Blau fallen weg. Umgekehrt treten im Oktober und November die dunkelblauen Farben auf, aber die untersten Stufen des Braun fallen weg. Die geringste Anzahl von Farben beanspruchen die Monate Mai bis September. August und September sind im Vergleich zum Juni und Juli genau um eine Stufe nach unten verschoben. Legt man die zwölf gezeichneten Karten nebeneinander, so findet man im Januar und Februar einen ziemlich ausgedehnten Streifen in dunkelbrauner Farbe zwischen Breisach und Ergersheim in der Rheinebene. Im März wird dieser Streifen bedeutend kleiner und verschwindet ganz im April. Mit Annäherung des Sommers treten auch die nächstliegenden Farben des Braun zurück, im Juni und Juli finden wir in der Rheinebene einen langen hellen Streifen, der den Stufenwert 60—70 mm bezeichnet, aber schon im August und September kehren die hellbraunen Farben wieder, sie verschwinden noch einmal im Oktober, treten aber dann beim Herannahen des Winters in immer dunkleren Nuancen auf. Ganz ähnlich ist es mit den dunkelblauen Farben. Sie treten besonders in der Zeit von Oktober bis März auf, am intensivsten im Dezember, wo das Blau schon mehr in Schwarz übergeht. Von April bis September — Minimum im August — verschwindet das ganz dunkle Blau, aber die etwas helleren blauen Farben erstrecken sich besonders im Juni und Juli über große Flächen und verdrängen fast vollständig die hellbraunen Farben. Im Vergleich zu den Wintermonaten zeichnen sich Juni und Juli durch eine große Farbenarmut aus. Ähnlich wie die Rheinebene verhält sich auch das Moselgebiet. Wie das Rheintal zwischen zwei steilen Gebirgsmauern eingeschlossen liegt, so fallen auch zu beiden Seiten des schmalen Moseltal die von Flußläufen stark zerschnittenen Höhen steil ab. Hier handelt es sich aber nicht um ein eigentliches Gebirge, sondern nur um die Steilränder eines Hochplateaus. Der Grad der Abweichung beider Gebiete in den Regenfarben ergibt sich aus folgender Tabelle:

	J	F	M	A	M	J	J	A	S	O	N	D	J
Colmar	22	23	28	36	51	64	63	47	49	51	36	28	491
Metz	43	38	50	43	47	64	69	59	58	68	57	61	648
Diffz.	+ 21	+ 15	+ 22	+ 7	− 4	0	+ 6	+ 12	+ 9	+ 17	+ 21	+ 33	157

Im Februar finden wir zwischen Metz und Noveant einen braunen Streifen (Stufe 30 bis 40 mm). Die nächst höhere Stufe (40—50 mm) ist in den Monaten Januar bis April in großer Ausdehnung vorhanden mit Ausnahme vom März, wo diese Zone vor der nächst höheren bis auf einen geringen Rest bei Metz verdrängt wird. Im Juni und Juli treten die braunen Farben ganz zurück, im August, September und November taucht das Hellbraun der Stufe 50 bis 60 wieder auf, im Oktober und Dezember aber überwiegen die hellblauen Gebiete. Eine Sonderstellung nimmt ferner das Gebiet von St. Avold-Lubeln ein. Auf der geographischen Karte von Lothringen ist das ganze Gebiet im Bogen der Nied viel dunkler gefärbt. Auf der Generalstabskarte tritt es hervor durch eine viel kompliziertere Strichelung. Die Bezeichnung von St. Avold als Siebenhügelstadt läßt darauf schließen, daß es sich hier nicht mehr um die ausgedehnten, flachwelligen Lothringer Höhenrücken handeln kann. Der Varsberg erinnert in seiner Form ganz an die Hohkönigsburg. Der dachförmige Abfall der beiden Berghänge, die oben in scharfer Kante auslaufen, deutet darauf hin, daß der Berg aus Sandstein aufgebaut sein muß. Ein Blick auf die geologische Karte zeigt denn auch ein westliches Auslaufen der Gesteinsfarben des Saarbrücker Kohlengebiets bis nach Lothringen hinein. Die ganze Gegend ist stark bewaldet und macht den Eindruck einer niederen Berglandschaft. Nicht bloß in der stärkeren Vartikalerhebung, sondern in der starken Gliederung und der eigenartigen Oberflächenform scheint der Grund des häufigeren bezw. stärkeren

Niederschlags zu suchen sein. Von weiteren Einzelheiten ist zu erwähnen der den Nordvogesen vorgelagerte blaue Streifen (90 bis 100 mm) im Juli, der sich über die Gegend von Hagenau—Wörth—Weißenburg erstreckt. Dieses Randgebiet der Vogesen wird häufig von schweren Gewittern und Hagelschlag heimgesucht, ist erst vor wenig Jahren durch ein solches Unwetter völlig vernichtet worden. Der Überschuß des Niederschlags im Vergleich zu den umliegenden Gebieten erklärt sich durch diese vorwiegenden Gewitterregen. Weiter ist hervorzuheben, der Unterschied der Niederschlagsverhältnisse von Jura und Vogesen. Während in den Wintermonaten die Vogesen in besonders dunklen Farben erscheinen, tritt der elsässische Jura in dieser Periode auf den Karten gar nicht hervor, dagegen um so schärfer im Mai, Oktober und in den Sommermonaten. Im Schweizer Jura fällt der meiste Niederschlag im Oktober und nicht im Dezember wie in den Südvogesen.

Die Karte der Jahresmittel zeigt uns einen schmalen Streifen längs des südlichen Vogesenkammes mit etwas breiterer Ausdehnung in der Umgebung des Wälschen Belchens, der jährlich mindestens 2000 mm (im Durchschnittswert) empfängt. Im stärksten Gegensatz zu dieser regenreichen Zone liegt mitten in der Rheinebene, im Gebiet von Colmar eine Fläche mit einem Jahresmittel von weniger als 500 mm. Die Nordvogesen, sowie ein Streifen zwischen Nied und Saar, das St. Avolder Waldgebiet, messen im Jahresmittel zwischen 800 und 900 mm, das Tal der Mosel bei Metz und Novéant Mengen zwischen 600 und 700 mm. Im Sundgau schwankt das Jahresmittel zwischen 800 und 900 mm, im Elsässer Jura steigt es an bis über 1100 mm. Die von Rubel entworfene Regenkarte der Vogesen erfährt durch die neue Untersuchung keine wesentliche Korrektion.

8. Niederschlagskoeffizienten.

Die in den vorhergehenden Abschnitten benützten Monatsmittel des Niederschlags bedürfen noch einer weiteren, kurzen Besprechung. Wenn z. B. Hüningen im Januar durchschnittlich 29, im Februar dagegen 32 mm beobachtet, so ergibt sich daraus für die beiden Monate eine Differenz von 3 mm. Man darf hierbei aber nicht vergessen, daß die 29 mm sich auf 31, die 32 hingegen auf nur 28 Tage beziehen. Dividiert man daher die Regenmengen durch die Anzahl der Tage des Monats, so erhält man folgende Werte:

Ort	J	F	M	A	M	J	J	A	S	O	N	D
Hüningen	0,94	1,1	1,2	1,7	1,8	2,7	2,3	2,3	2,4	2,0	1,5	1,3
Mülhausen	1,5	1,5	1,5	1,6	1,8	2,3	2,4	2,0	2,2	2,3	1,9	1,9
Straßburg	1,0	1,2	1,4	1,6	2,1	2,6	2,9	2,2	2,1	2,0	1,5	1,4
Metz	1,4	1,4	1,6	1,4	1,5	2,1	2,2	1,9	1,9	2,2	1,9	2,0

Diese Zahlenreihen orientieren viel genauer über die Niederschlagsverhältnisse eines Ortes wie die Reihe der Monatsmittel. Da es aber bei den früheren Betrachtungen mehr auf den Vergleich der einzelnen Orte ankam, so genügte es für diese Zwecke, mit den einfachen Mitteln zu operieren.

III. Regentage.

Nicht minder wichtig wie die Berechnung der mittleren Regenmengen ist die Feststellung der mittleren Anzahl von Regentagen. Unter Regentag ist hierbei jeder Tag gemeint, an dem wenigstens 0,1 mm Niederschlag, gleichgültig in welcher Form gemessen wird. Die Zusammenstellung und Berechnung der langjährigen Beobachtungen (1890—1913) hat folgende Resultate ergeben:

1. Lothringen.

Ort	J	F	M	A	M	J	J	A	S	O	N	D	Jahr	Monat
Gondrexange	17	16	17	15	15	14	14	14	13	17	17	19	188	16
Neumatt	13	13	14	13	12	12	12	12	10	13	13	14	150	13
Eichhoff	15	14	15	13	14	12	11	12	11	14	15	17	163	14
Saargemünd	15	15	17	14	14	14	14	14	13	16	16	18	178	15
Lubeln	14	13	14	13	13	12	13	12	12	14	13	17	160	13
Novéant	17	16	17	14	14	13	13	13	13	17	17	20	184	15
Metz	14	14	15	14	12	13	12	13	13	16	15	17	167	14
Weimeringen	13	13	14	12	12	12	11	12	11	15	13	16	156	13
	118	114	123	108	106	102	100	102	96	122	119	138	1346	113
Mittel	**14**	**14**	**15**	**13**	**13**	**13**	**12**	**13**	**12**	**15**	**15**	**17**	**168**	**14**

OKTOBER

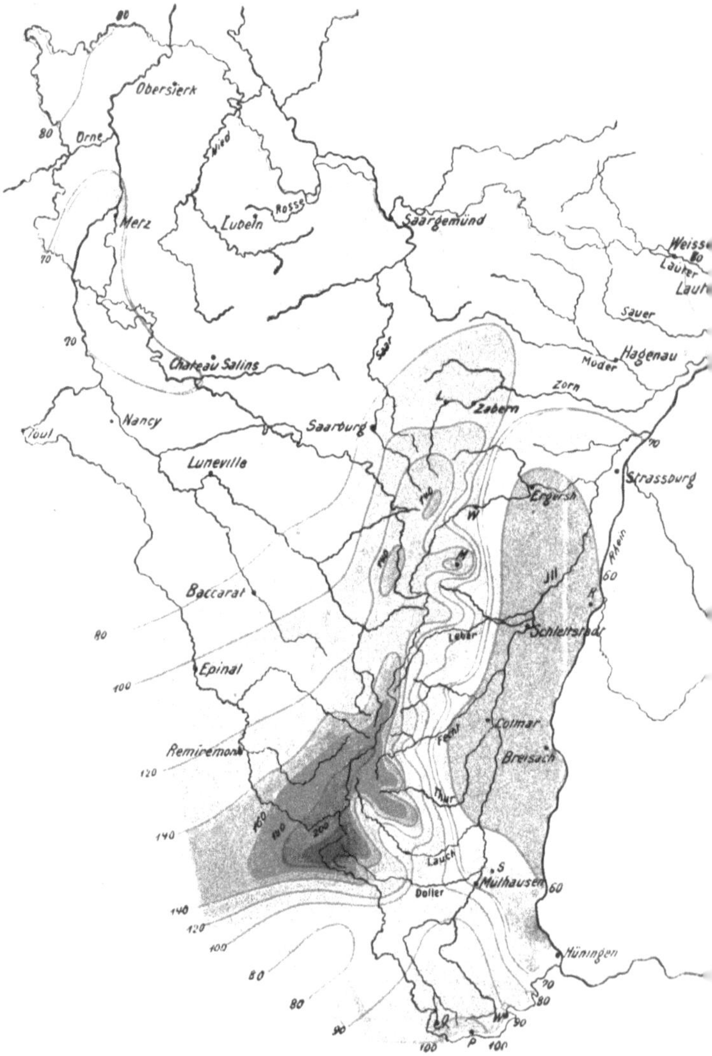
Obersierk
Orne
Nied
Merz
Lubeln
Rosse
Saargemünd
Weissenburg
Lauter
Sauer
Hagenau
Moder
Zorn
Saar
Chateau Salins
Zabern
Nancy
Toul
Saarburg
Luneville
Strassburg
Rhein
Jll
Baccarat
Schlettstadt
Leber
Epinal
Colmar
Remiremont
Breisach
Fecht
Thur
Lauch
Mülhausen
Doller
Hüningen

NOVEM

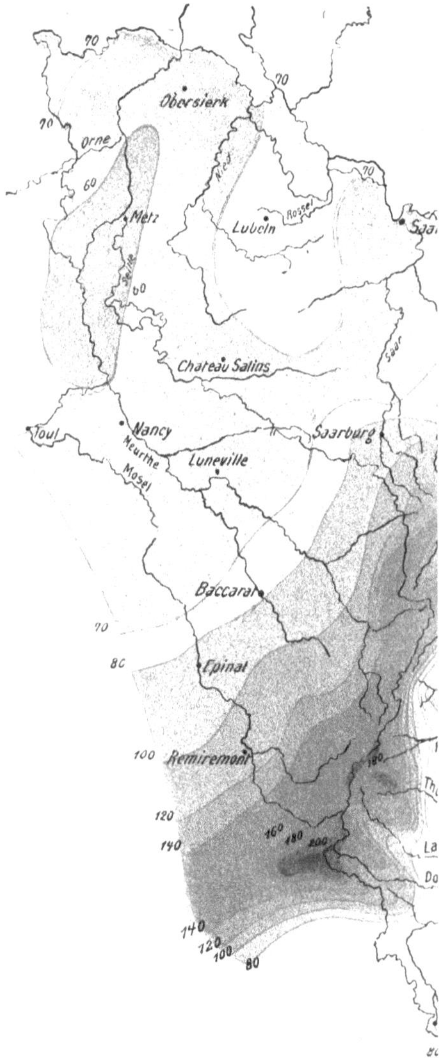

Obersierk
Orne
Nied
Metz
Lubeln
Rossel
Chateau Salins
Saar
Saarburg
Toul
Nancy
Meurthe
Mosel
Luneville
Baccarat
Remiremont
70
60
80
100
120
140
160
180
200

BER

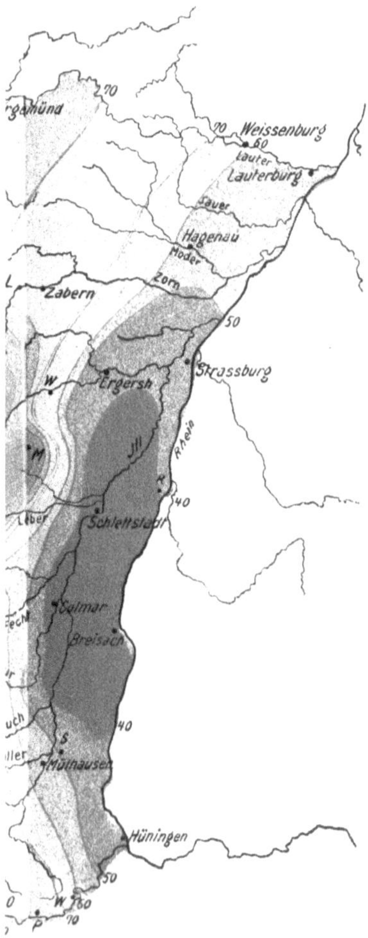
70
Weissenburg
60
Lauter
Lauterburg
Sauer
Hagenau
Moder
Zorn
Zabern
50
Strassburg
Ergersh
Jll
Rhein
40
Schlettstadt
Leber
Colmar
Breisach
40
Mülhausen
Hüningen
50
60
70

DEZEMBER

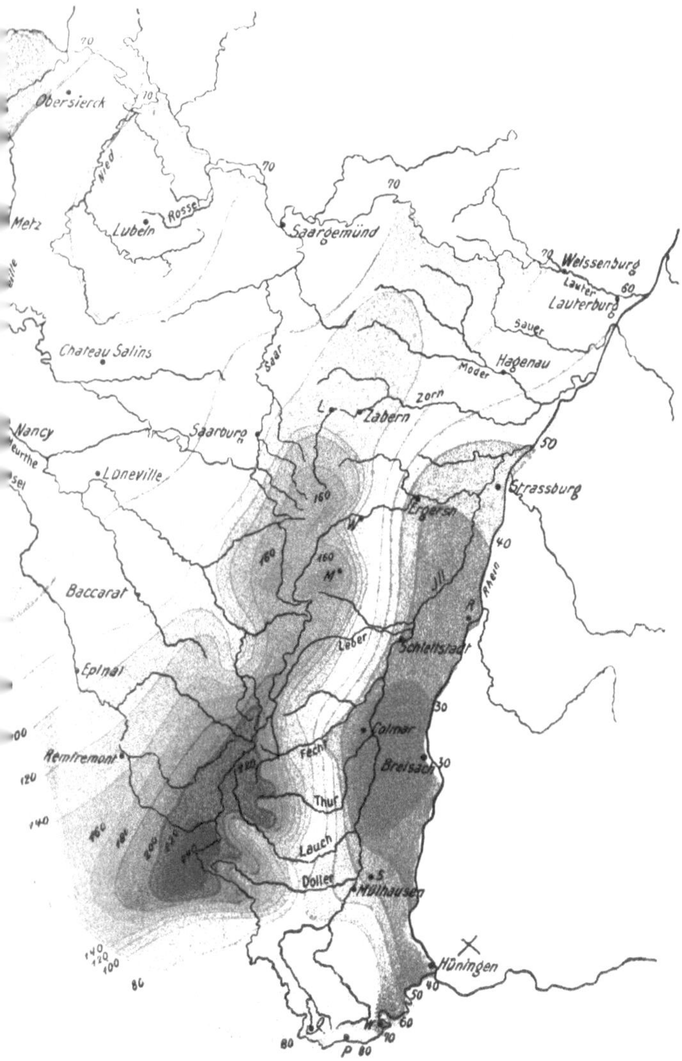

Verlag von KARL J. TRÜBNER in Strassburg.

APRIL

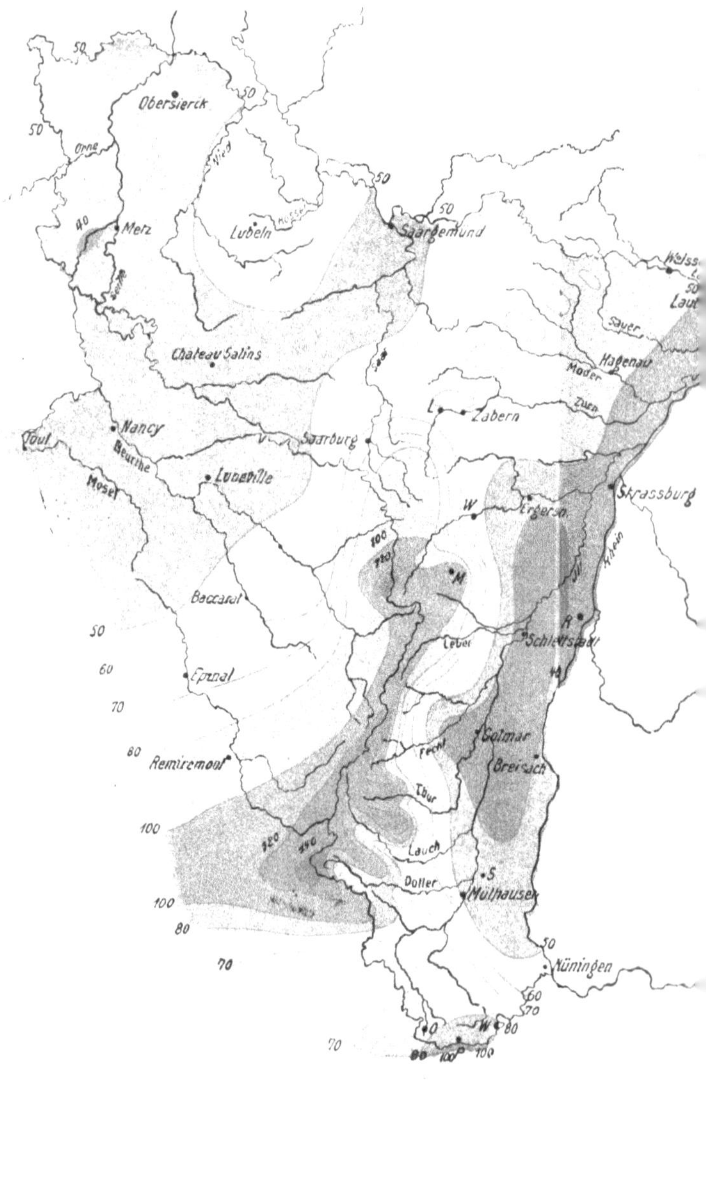

Obersierck
Metz
Lubeln
Saargemünd
Chateau Salins
Nancy
Toul
Meurthe
Mosel
Luneville
Saarburg
Zabern
Hagenau
Strassburg
Rhein
Baccarat
Epinal
Remiremont
Schlettstadt
Colmar
Breisach
Mülhausen
Lauch
Doller
Küningen

MA

Obersterck
Orne
Metz
Seille
Nied
Lubeln
Rossel
Chateau Salins
Nancy
Toul
Meurthe
Mosel
Luneville
Baccarat
Epinal
Remiremont

I

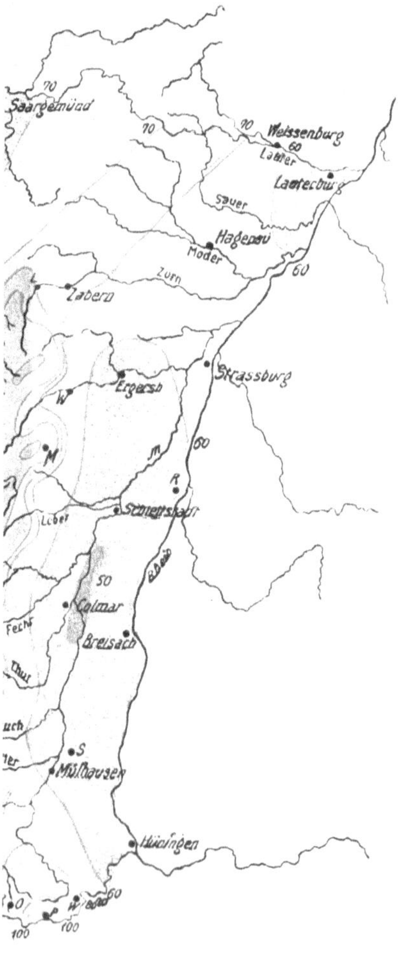

Saargemünd
Weissenburg
Lauter
Sauer
Hagenau
Moder
Zorn
Zabern
Strassburg
Leber
Colmar
Breisach
Fecht
Thur
Mülhausen
Hüningen
Rhein

JUNI

Obersierck
Metz
Lubeln
Rossel
Nied
Saargemünd
Weissenburg
Lauter
Lauterburg
Sauer
Hagenau
Moder
Chateau Salins
Zabern
Zorn
Nancy
Saarburg
Luneville
Strassburg
Ergersh.
Rhein
Baccarat
Schlettstadt
Leber
Epinal
Colmar
Fecht
Breisach
Remiremont
Thur
Lauch
Doller
Mülhausen
Hüningen

JANUAR

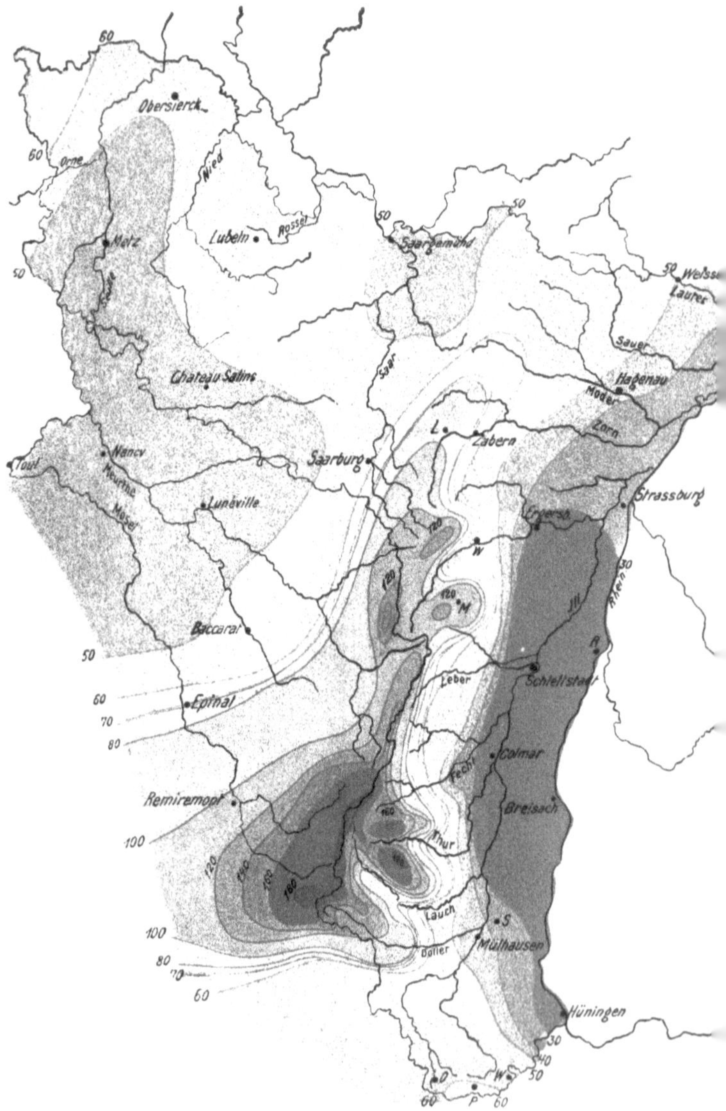

Obersierck
Orne
Nied
Metz
Lubeln
Rossel
Saargemünd
Weissenburg
Lauter
Sauer
Hagenau
Moder
Saar
Chateau Salins
Zorn
Zabern
Saarburg
Toul
Nancy
Meurthe
Mosel
Lunéville
Strassburg
Rhein
Ill
Baccarat
Schlettstadt
Leber
Epinal
Colmar
Fecht
Remiremont
Breisach
Thur
Lauch
Mülhausen
Doller
Hüningen

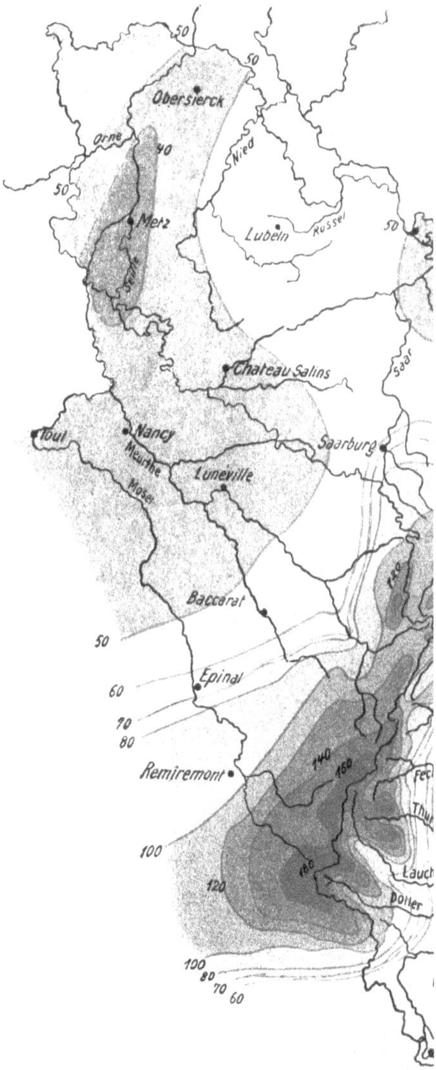
50
50
Obersierck
Orne
40
50
Metz
Nied
Lubeln
Russel
50
Chateau Salins
Saar
Toul
Nancy
Meurthe
Mosel
Luneville
Saarburg
120
Baccarat
50
Epinal
60
70
80
Remiremont
140
160
100
120
160
Lauch
Doller
100
80
70
60

AR

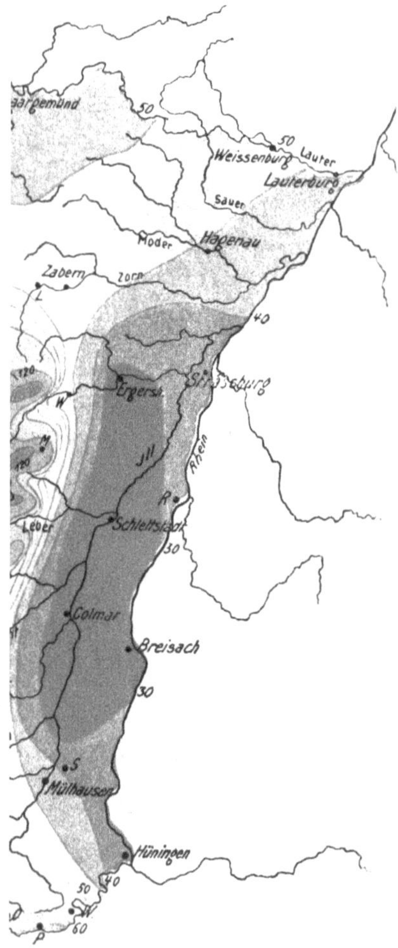

50
Weissenburg
Lauter
Lauterburg
Sauer
Moder
Hagenau
Zabern
Zorn
L
40
Ergersh.
W
M
120
Jll
Rhein
R
Schlettstadt
Leber
30
Colmar
Breisach
30
S
Mülhausen
Hüningen
40
50
60

MÄRZ

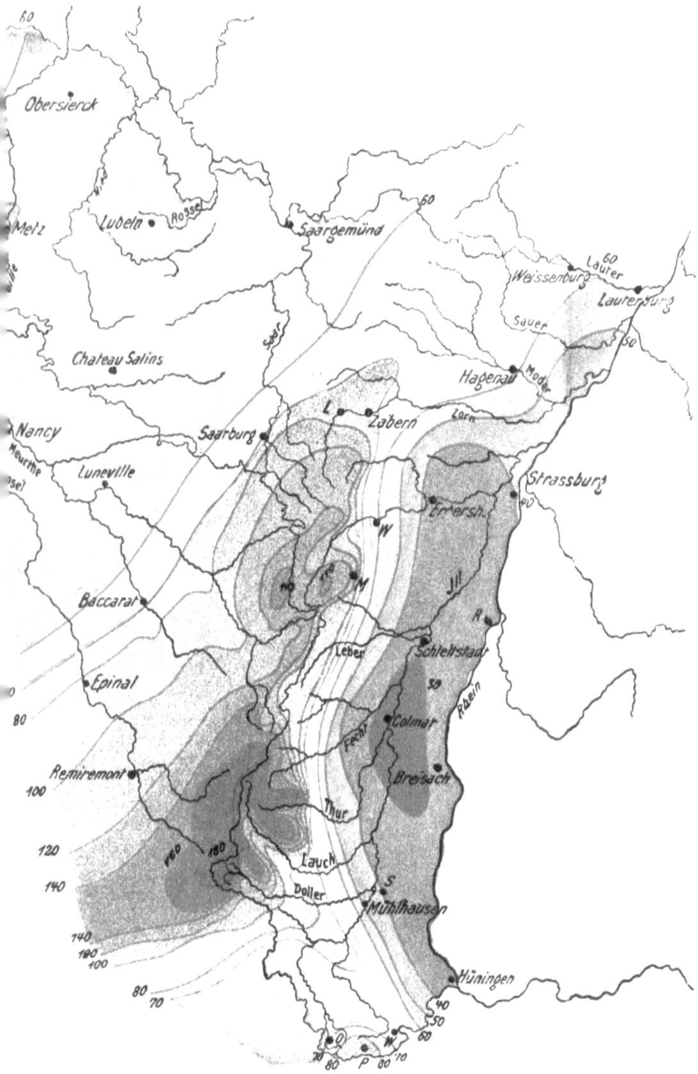

Obersierck
Metz
Lubeln
Rossel
Saargemünd
Weissenburg
Lauter
Lauterburg
Sauer
Chateau Salins
Saar
Hagenau
Moder
Zabern
Zorn
Nancy
Meurthe
Saarburg
Luneville
Strassburg
Baccarat
Jll
Schlettstadt
Leber
Epinal
Rhein
Colmar
Fecht
Breisach
Remiremont
Thur
Lauch
Doller
Mühlhausen
Hüningen

JULI

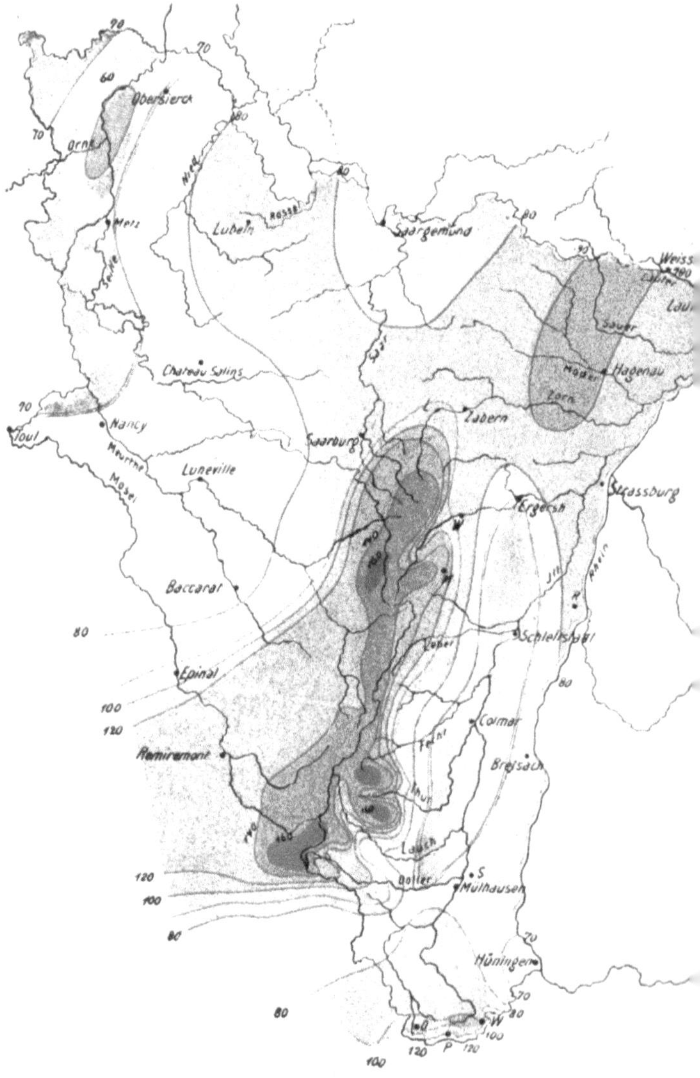

Mitteilungen der Gesellschaft für Erdkunde. V. Heft. Ta

Zu „Regenkarten von Elsass-Lothringen von EDGAR WAG

Obersierck
Orne
Wied
Rossel
Chateau Salins
Saarburg
Nancy
Toul
Meurthe
Mosel
Luneville
Baccarat
Epinal
Remiremont

2.

UST

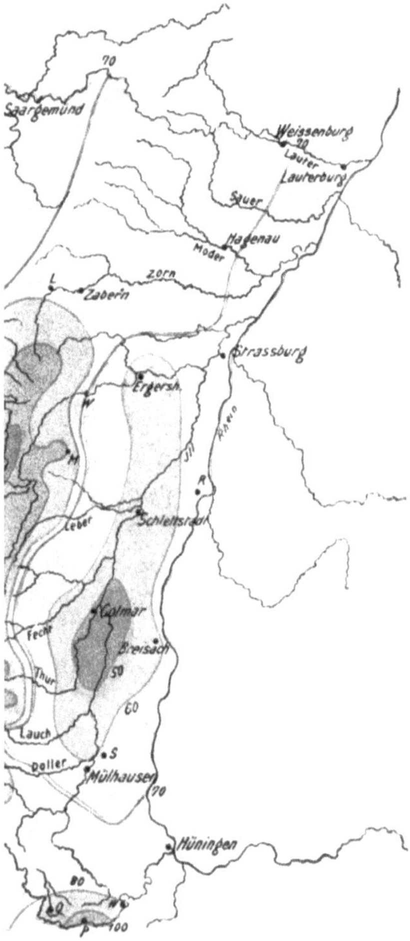

Saargemünd
70
Weissenburg
Lauter
Lauterburg
Sauer
Hagenau
Moder
Zorn
L
Zabern
Strassburg
Ergersh.
W
M
Rhein
Ill
R
Schlettstadt
Leber
Colmar
Fecht
Breisach
Thur
50
60
Lauch
S
Doller
Mülhausen
70
Hüningen
80
100

SEPTEMBER

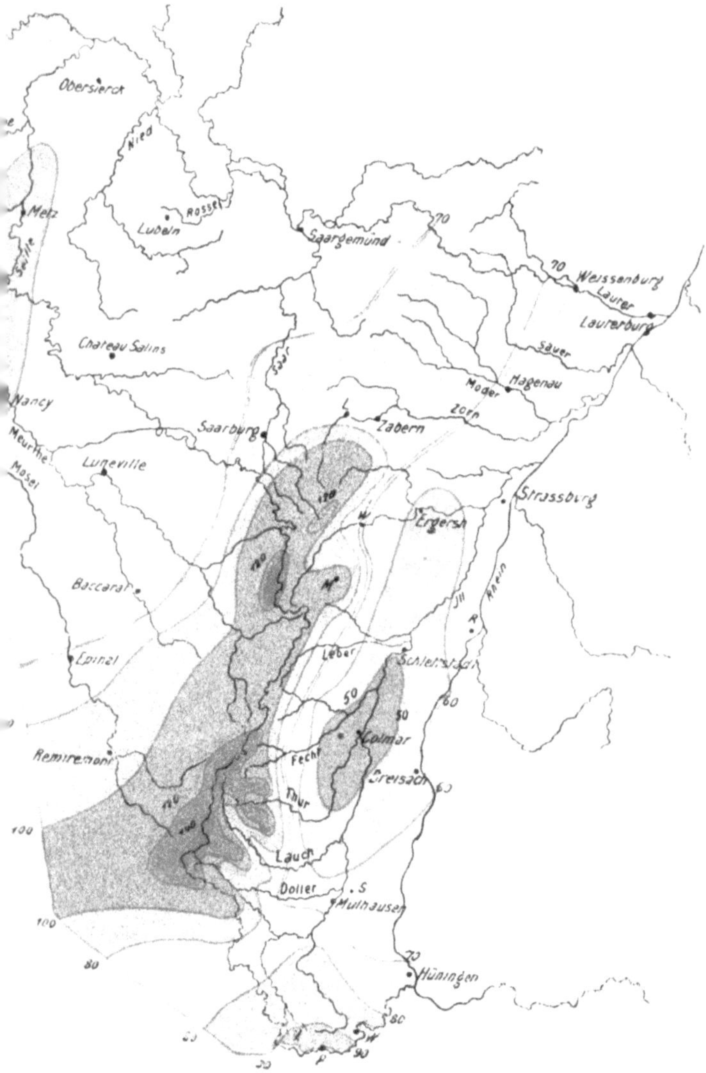

Obersierck
Nied
Rossel
Metz
Lubeln
Saargemünd
Weissenburg
Lauter
Lauterburg
Chateau Salins
Sauer
Moder
Hagenau
Zorn
Nancy
Zabern
Saarburg
Meurthe
Luneville
Mosel
Strassburg
Ergersh
Baccarat
Rhein
Epinal
Leber
Schlettstadt
Colmar
Remiremont
Fecht
Breisach
Thur
Lauch
Doller
Mulhausen
Hüningen

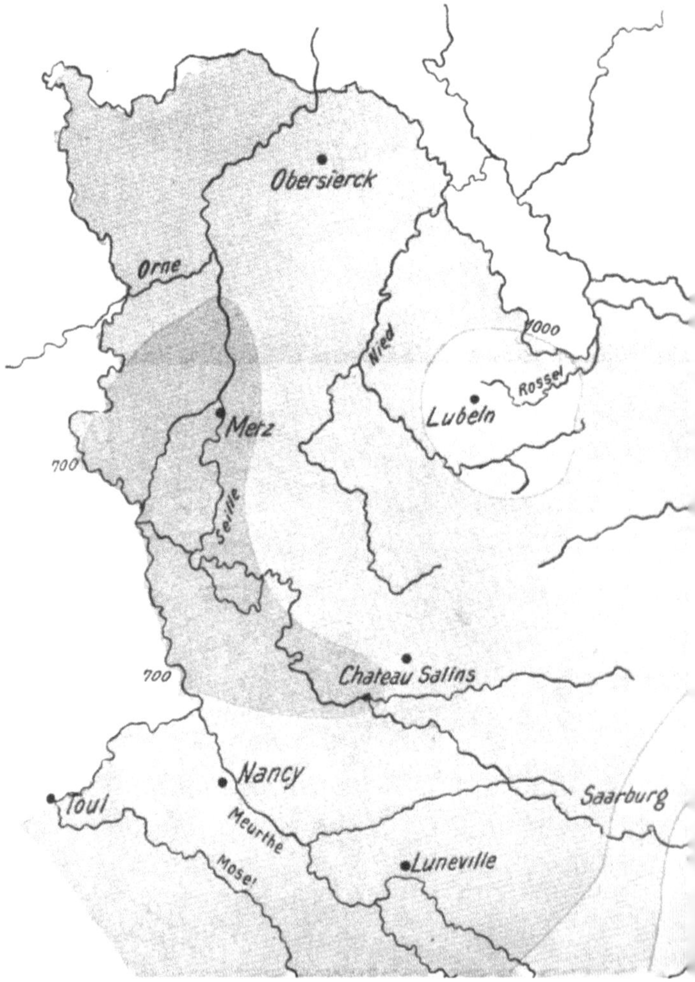
Obersierck
Orne
Nied
1000
Rossel
Lubeln
Metz
700
Seille
700
Chateau Salins
Nancy
Toul
Saarburg
Meurthe
Mosel
Luneville

aargemünd
800
800
Weissenburg
Lauter
700
Lauterburg
Sauer
Hagenau
Moder
Zorn
L
Zabern
Strassburg
W.
Ergersh.

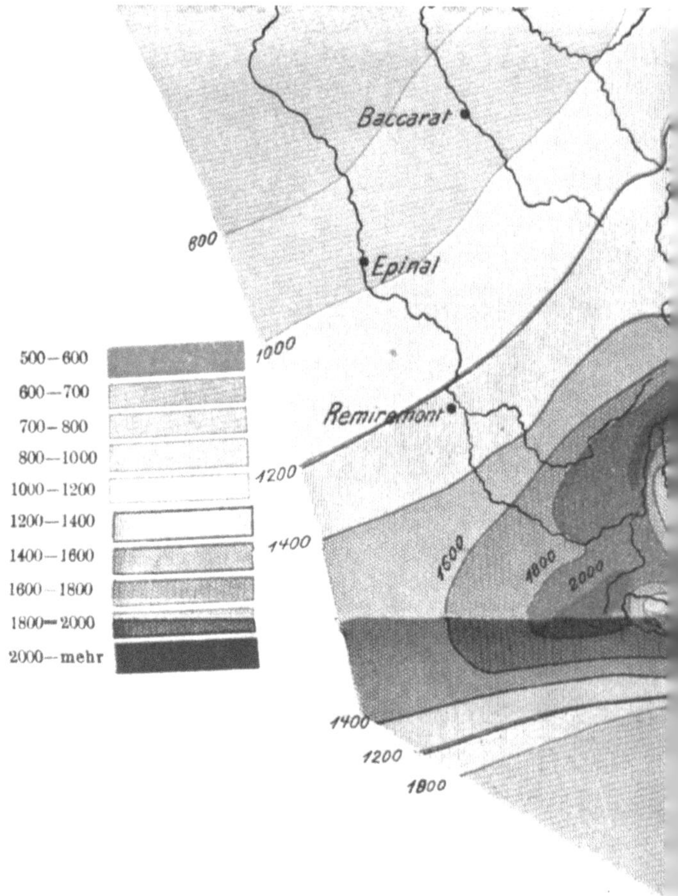

Mitteilungen der Gesellschaft für Erdkunde. V. Heft. Tafel 13.
Zu „Regenkarten von Elsass-Lothringen von EDGAR WAGNER".

'ahreskarte.

Verlag von KARL J. TRÜBNER in Strassburg.

2. Rheinebene.

Ort	J	F	M	A	M	J	J	A	S	O	N	D	Jahr	Monat
Hüningen	13	12	14	15	16	15	14	12	13	14	13	14	165	14
Breisach	12	12	13	13	13	14	13	13	12	14	14	13	155	13
Mülhausen	12	12	14	14	14	13	12	11	11	13	12	14	152	13
Wolfersdorf	14	13	15	14	14	14	13	12	12	15	14	15	163	14
Rheinau	13	13	14	14	15	15	15	14	13	17	16	16	177	15
Straßburg	13	12	13	13	14	14	14	14	12	13	13	14	159	13
Lauterburg	12	13	12	12	13	13	13	12	11	14	12	14	149	12
	89	87	95	95	99	98	94	88	84	100	94	100	1120	94
Mittel	**13**	12	**14**	**14**	**14**	**14**	**13**	12	12	14	**13**	14	**160**	**13**

3. Gebirge.

Ort	J	F	M	A	M	J	J	A	S	O	N	D	Jahr	Monat
Belchen	15	15	17	17	17	17	15	15	15	16	15	16	189	16
Alfeld	16	15	17	16	16	17	15	15	15	16	15	17	190	16
Seven	15	14	17	16	17	17	14	15	14	16	15	17	186	16
Lauchensee	15	16	18	17	16	16	14	14	13	14	14	16	180	15
Odern	14	14	17	15	16	16	14	14	13	14	14	16	176	15
Münster	14	14	16	15	15	15	14	14	13	15	14	15	173	14
Baumschule	15	13	15	15	15	15	14	13	13	14	14	16	172	14
Melkerei	16	15	16	16	16	15	15	14	12	15	15	16	180	15
Rothau	14	14	15	15	15	15	14	13	12	14	14	16	172	14
Lützelburg	15	15	15	14	14	14	13	13	12	14	14	16	166	14
Herrenwald	16	15	16	15	15	15	14	14	12	15	16	18	183	15
Weissenberg	15	14	16	14	15	15	14	14	12	16	15	16	176	15
St. Gilgen	13	12	13	13	14	14	12	12	12	13	13	14	156	13

Die Auswertung dieses Zahlenmaterials geschieht wieder nach den früheren Methoden durch Aufzeichnung der Kurven und Eintragung der Zahlen in die einzelnen Monatskarten. Die Kurve von Metz—Novéant weist ein Hauptmaximum im

Dezember, ein sekundäres im März auf, ein Minimum im Sommer. Die Kurven von Chateau-Salins und Gondrexange weichen nicht wesentlich davon ab, auch die von Lützelburg und Herrenwald in den nördlichen Vogesen nicht, wenn gleich der Ausschlag der Kurve besonders im Frühjahr und Sommer geringer wird. Nähern wir uns hingegen dem Rheintal, so nehmen die Kurven eine wesentlich andere Form an. Während bei den lothringer Kurven die mittlere Amplitude die Kurve genau in zwei Hälften zerlegt, in einen oberen Teil (Oktober bis März) und einen unteren (April bis September), zerfallen die Kurven des nördlichen Rheintals in mindestens 4 Abschnitte. Bei der Kurve von Straßburg liegt die Strecke Mai bis August, Oktober bis Dezember oberhalb der mittleren Amplitude, Januar bis April sowie der September unterhalb. Breisach: April bis Juni, Oktober bis Dezember oberhalb, Januar bis Mai sowie September unterhalb. Hauptmaximum Spätjahr, Oktober und dann der Dezember bei den etwas weiter nördlich gelegenen Stationen. Colmar nimmt eine Sonderstellung ein. Seine Kurve besitzt eine sehr einfache Form. Der Abschnitt Mai bis Juli liegt oberhalb, die übrige Strecke unterhalb der mittleren Amplitude. Die Kurve hat viel Ähnlichkeit mit der von Hüningen ganz im Süden. Nur ist bei dieser der Ausschlag viel größer und sie besitzt drei Wellenberge (Mai, Oktober, Dezember) und drei Wellentäler im Februar, August und November. Die Gebirgskurven im Süden haben eine ähnliche Form wie die von Hüningen, nur ist das Maximum im Dezember stärker entwickelt.

Der Wert dieser Regenkurven besteht darin, daß sie gestatten, in sehr übersichtlicher Form einen Vergleich zu ziehen zwischen der Regenhäufigkeit der einzelnen Landesteile, im übrigen aber geben sie ein durchaus falsches Bild von der Regenhäufigkeit ein und derselben Station. Wenn z. B. Breisach im Januar und Februar 12, also gleichviel Regentage zählt, so verteilen sich in dem einen Monat diese 12 Regentage auf 31, in dem andern auf nur 28 Tage. Im Februar regnet es daher viel häufiger. Diese Überlegung führt uns zur Betrachtung der Regenwahrscheinlichkeit. Man versteht darunter den Quotienten der wirklichen Anzahl der Regentage und der möglichen Anzahl derselben, d. h. der Zahl der Tage des Monats bzw. Jahrs. Die Berechnung desselben hat folgende Werte ergeben:

1. Lothringen.

Ort	J	F	M	A	M	J	J	A	S	O	N	D	Jahr
Gondrexange	56	56	55	50	49	47	46	47	42	54	56	60	52
Eichhof	49	50	48	43	44	39	37	39	38	44	50	55	45
Saargemünd	49	54	53	46	45	45	45	44	43	51	52	58	49
Metz	46	49	49	46	40	43	40	41	42	50	50	56	46
	200	209	205	185	178	174	168	171	165	199	208	229	192
	50	**52**	**51**	**46**	**44**	**43**	**42**	**42**	**41**	**49**	**52**	**57**	**48**

2. Rheinebene.

Ort	J	F	M	A	M	J	J	A	S	O	N	D	Jahr
Hüningen	41	44	46	50	51	46	44	39	42	47	42	49	45
Breisach	39	44	41	44	43	46	43	41	38	45	47	43	43
Straßburg	41	44	43	43	46	46	45	44	40	43	45	44	44
Lauterburg	38	45	40	41	41	42	41	38	36	45	41	45	41
	159	177	170	178	181	180	173	162	156	180	175	181	173
	40	**44**	**42**	**44**	**45**	**45**	**43**	**40**	**39**	**45**	**44**	**45**	**43**

3. Gebirge und Ebene.

Ort	J	F	M	A	M	J	J	A	S	O	N	D	Jahr
Alfeld	50	53	56	54	52	57	48	48	48	52	51	56	52
Belchen	48	53	56	58	55	55	48	50	49	51	50	51	52
Odern	46	49	53	51	52	53	45	45	42	47	45	51	48
Mülhausen	40	44	44	45	44	43	39	35	38	42	41	46	42
Wolfersdorf	44	45	49	47	44	45	40	37	41	47	47	49	45
Münster	44	49	51	50	49	50	45	44	43	47	48	48	47
St. Gilgen	41	44	42	44	44	47	40	39	39	43	44	46	43
Colmar	34	36	39	42	38	44	38	36	34	35	37	35	38
Salzleeke	27	28	31	27	33	33	30	27	29	27	24	30	29
Melkerei	50	54	53	53	51	51	47	44	40	48	48	53	49
Weissenberg	48	50	51	47	50	49	45	46	41	50	51	51	48
Ergersheim	37	44	42	43	44	44	41	39	35	44	46	48	42

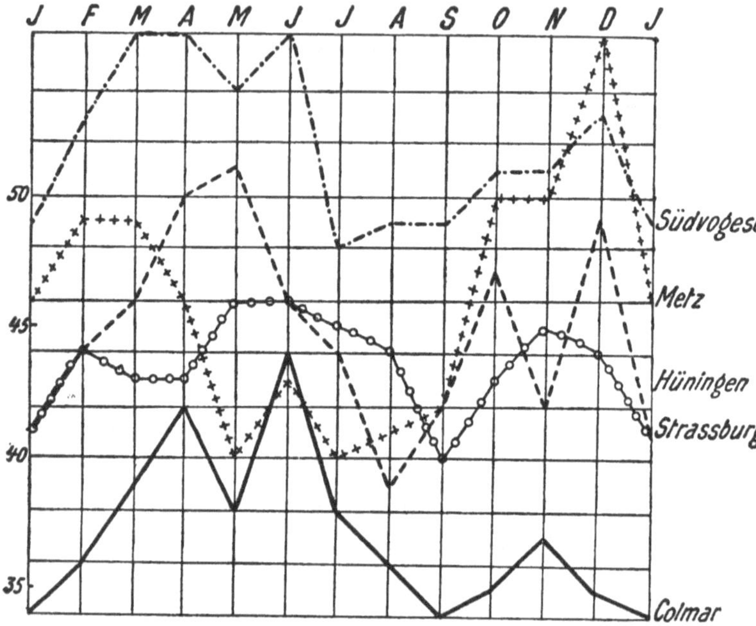

Es ist sehr interessant zu sehen, wie die Kurven der Regenwahrscheinlichkeit von denen der einfachen Mittelwerte abweichen: In den Monaten mit weniger als 31 Tagen wachsen die Kurven nach oben, besonders stark im Februar. Bei der Kurve von Straßburg z. B. tritt hier an Stelle eines Teilminimums ein Teilmaximum. Vergleichen wir nun die einzelnen Kurven miteinander, so ergeben sich sehr große Unterschiede. Hüningen im Süden weist Straßburg gegenüber einen beträchtlichen Überschuß im April, Mai, Oktober und Dezember auf, einen Fehlbetrag im August. Metz im Nordwesten des Landes übertrifft Straßburg ganz bedeutend im Winter und Frühjahr, bleibt dagegen zurück im Sommer. Im Vergleich zu Hüningen ist die Regenwahrscheinlichkeit in Lothringen mit Ausnahme der Periode April bis Juli bedeutend größer. In den Hochvogesen ist die Regenwahrscheinlichkeit größer als in allen übrigen Landesteilen, besonders groß ist sie im Frühjahr, sie wird hingegen im Dezember übertroffen

	J	F	M	A	M	J	J	A	S	O	N	D	Jahr
Lothringen	50	52	51	46	44	43	42	42	41	49	52	57	48
Rheinebene	40	44	42	44	45	45	43	40	39	45	44	45	43
Diffz.	10	8	9	2	−1	−2	−1	2	3	4	8	12	5

von dem nördlichen Lothringen. Bildet man die Mittelwerte aus 4 lothringischen Stationen und 4 Stationen des Rheintals, so ergeben sich sehr starke Differenzen für die ganze Zeitdauer Oktober bis April. Das — 1 im Mai besteht nur durch den Einfluß Hüningens, von Süden abgesehen übertrifft auch hier Lothringen die rheinische Tiefebene.

Will man sich die graphische Aufzeichnung der Monatsmittel ersparen, so kann man die einzelnen Kurven bequem durch Zahlenreihen abbilden. Wenn man nämlich die Monatsmittel der Regentage dividiert durch das Jahresmittel, so bezeichnen die Quotienten, die > 1 sind, die Stellen der Kurven, die oberhalb der mittleren Amplitude liegen, die Quotienten < 1 die Stellen unter der mittleren Amplitude. Das Gleiche gilt für die die Regenwahrscheinlichkeit darstellenden Kurven. In folgenden Tabellen seien für eine Reihe von Stationen diese Zahlenreihen mitgeteilt:

1. Regentage.

Ort	J	F	M	A	M	J	J	A	S	O	N	D
Novéant	1,12	1,04	1,08	0,94	0,93	0,88	0,82	0,86	0,85	1,08	1,11	1,28
Eichhoff	1,13	1,04	1,10	0,95	1,00	0,87	0,84	0,90	0,83	1,00	1,09	1,24
Neumatt	1,01	1,02	1,09	1,00	0,98	0,98	0,93	0,98	0,81	1,00	1,00	1,13
Lützelburg	1,05	1,06	1,08	0,99	0,98	0,99	0,91	0,96	0,86	0,99	0,98	1,16
Rothau	0,99	0,96	1,08	1,05	1,07	1,01	1,00	0,91	0,86	0,98	0,98	1,10
Münster	0,94	0,96	1,09	1,04	1,06	1,03	0,96	0,95	0,90	1,01	1,00	1,04
Seven	0,95	0,92	1,08	1,02	1,07	1,08	0,93	0,95	0,91	1,02	0,96	1,11
Belchen	0,94	0,94	1,10	1,10	1,07	1,04	0,95	0,97	0,93	0,99	0,94	1,00
Mülhausen	0,97	0,97	1,07	1,07	1,08	1,02	0,95	0,86	0,90	1,01	0,96	1,12
Colmar	0,92	0,89	1,07	1,10	1,04	1,15	1,03	0,96	0,90	0,96	0,96	0,96
Ergersheim	0,90	0,95	1,01	0,99	1,05	1,02	0,98	0,95	0,82	0,80	1,07	1,15
Lauterburg	0,95	1,01	1,00	0,98	1,02	1,01	1,01	0,94	0,86	1,13	0,99	1,12
Hüningen	0,93	0,89	1,03	1,09	1,16	1,12	1,00	0,88	0,92	1,05	0,92	1,01

2. Regenwahrscheinlichkeit.

Ort	J	F	M	A	M	J	J	A	S	O	N	D
Eichhoff	1,09	1,11	1,07	0,96	0,98	0,88	0,82	0,87	0,85	0,98	1,11	1,22
Lauterburg	0,93	1,10	0,98	1,00	1,00	1,02	1,00	0,93	0,88	1,10	1,00	1,10
Belchen	0,92	1,02	1,08	1,12	1,06	1,06	0,92	0,96	0,94	0,98	0,96	0,98
Mülhausen	0,95	1,05	1,05	1,08	1,05	1,03	0,93	0,83	0,90	1,00	0,98	1,10

Der Unterschied zwischen den Reihen der Regentage und der Regenwahrscheinlichkeit ist für 4 Stationen in nachstehender Tabelle angegeben:

Ort	J	F	M	A	M	J	J	A	S	O	N	D
Eichhoff	+ 0,4	− 0,7	+ 0,3	− 0,1	+ 0,2	− 0,1	+ 0,2	+ 0,3	− 0,2	+ 0,2	− 0,2	+ 0,2
Belchen	+ 0,2	− 0,8	+ 0,2	− 0,2	+ 0,1	− 0,2	+ 0,3	+ 0,1	− 0,1	+ 0,1	− 0,2	+ 0,2
Lauterburg	+ 0,2	− 0,8	+ 0,2	− 0,2	+ 0,2	− 0,1	+ 0,1	+ 0,1	− 0,2	+ 0,3	− 0,1	+ 0,2
Mülhausen	+ 0,2	− 0,8	+ 0,2	− 0,1	+ 0,3	− 0,1	+ 0,2	+ 0,3	− 0,1	+ 0,1	− 0,2	+ 0,2

Es sind mit Absicht nur für 4 Stationen die Reihen der Regenwahrscheinlichkeit gebildet, es genügt für die übrigen Stationen die Reihen der Regentage unter Berücksichtigung der in der letzten Tabelle angegebenen Korrektionen umzuändern.

Der Wert dieser Art von Reihen besteht darin, daß sie, in horizontaler Richtung betrachtet, genau darüber orientieren, welche Monate hinter dem Jahresmittel zurückbleiben, und in vertikaler Richtung in übersichtlicher Form einen Vergleich gestatten zwischen den einzelnen Stationen hinsichtlich der Anzahl der Regentage bzw. der Regenwahrscheinlichkeit. Das Zeichnen der Regenkarten kann man sich ersparen.

IV. Dichte oder Intensität der Niederschläge.

Nachdem die Regenmengen und Regentage beide getrennt für sich behandelt worden sind, ist es die nächste Aufgabe, beide miteinander zu kombinieren. Diese Kombination ist am einfachsten durchzuführen, indem man die Regenmengen der einzelnen Monate sowie die Regentage in Prozenten der Jahressumme ausdrückt und beide Prozentwerte mit einander vergleicht. Subtrahiert man die Prozentwerte der Regentage von denen der Regenmengen und bezeichnet man die Differenzen mit positiven oder negativen Vorzeichen, je nachdem ein Überschuß oder Fehlbetrag vorliegt, so erhält man auf diese Weise sofort ein Bild von der Regendichte, ein Bild, das um so anschaulicher wird, wenn man die Reihe der Differenzwerte graphisch aufzeichnet. Die mittlere Amplitude teilt dann die Kurve in eine obere und untere Hälfte. Die erstere bezeichnet die Monate mit großer, die letztere die mit geringer Regendichte, die mit einem Überschuß bzw. Fehlbetrag der Regendichte. In folgender Tabelle sei nun die Regendichte für 6 aus den verschiedensten Gegenden des Landes herausgewählte Stationen mitgeteilt.

20jähr. Mittel der Regenhöhe bzw. Regentage in Prozenten der Jahresmenge. Zeitraum 1890—1910.

	J	F	M	A	M	J	J	A	S	O	N	D	
Regenmenge	7,9	7,5	7,5	7,2	7,9	8,7	10,1	8,1	8,4	8,9	8,4	9,4	**Gondrexange**
Regentage	9,1	8,6	9,0	8,2	8,0	7,4	7,9	7,6	7,0	8,9	8,6	9,7	
	— 1,8	— 1,1	— 1,5	— 1,0	— 0,1	+ 1,3	+ 2,2	+ 0,5	+ 1,4	0,0	— 0,2	— 0,3	
Regenmenge	9,6	9,8	9,2	7,8	6,7	6,7	7,0	5,5	6,6	9,6	8,7	12,4	**Alfeld**
Regentage	8,3	8,0	9,2	8,7	8,6	8,7	7,9	7,6	7,7	8,6	7,9	9,0	
	+ 1,3	+ 1,8	0,0	— 0,9	— 1,9	— 2,0	— 0,9	— 2,1	— 1,1	+ 1,0	+ 0,8	+ 3,4	
Regenmenge	5,8	5,2	5,8	7,5	8,7	10,3	13,9	10,5	9,3	9,3	7,0	6,4	**Straßburg-Kehl**
Regentage	8,0	7,9	8,4	8,5	8,9	8,5	9,0	8,1	7,6	8,5	8,1	8,5	
	— 2,2	— 2,7	— 2,6	— 1,0	— 0,2	+ 1,8	+ 4,9	+ 2,4	+ 1,7	+ 0,8	— 1,1	— 2,1	
Regenmenge	7,1	7,5	7,5	7,4	8,0	10,0	9,7	9,1	8,0	8,9	8,0	8,6	**Lützelburg**
Regentage	8,7	8,9	8,9	8,5	8.2	8,3	7,7	8,0	7,3	8,2	7,8	9,4	
	— 1,6	— 1,4	— 1,4	— 1,1	— 0,2	+ 1,7	+ 2,0	+ 1,1	+ 0,7	+ 0,7	+ 0,2	— 1,2	
Regenmenge	4,5	5,1	4,9	7,6	9,6	12,8	13,9	10,0	9,8	9,4	6,7	5,4	**Breisach**
Regentage	7,7	8,0	8,0	8,7	8,5	8,6	8,7	7,8	7,5	8,9	8,9	8,5	
	— 3,2	— 2,9	— 3,1	— 1,1	+ 1,1	+ 4,2	+ 5,2	+ 2,2	+ 2,3	+ 0,5	— 2,2	— 3,1	
Regenmenge	8,0	7,6	7,4	7,6	7,1	8,9	9,8	7,7	8,6	10,0	8,3	8,7	**Wolfersdorf**
Regentage	8,5	7,9	9,3	9,0	8,3	8,2	7,9	6,8	7,7	8,8	8,3	9,4	
	— 0,5	— 0,3	— 1,9	— 1,4	— 1,2	+ 0,7	+ 1,9	+ 0,9	+ 0,9	+ 1,2	0,0	— 0,7	

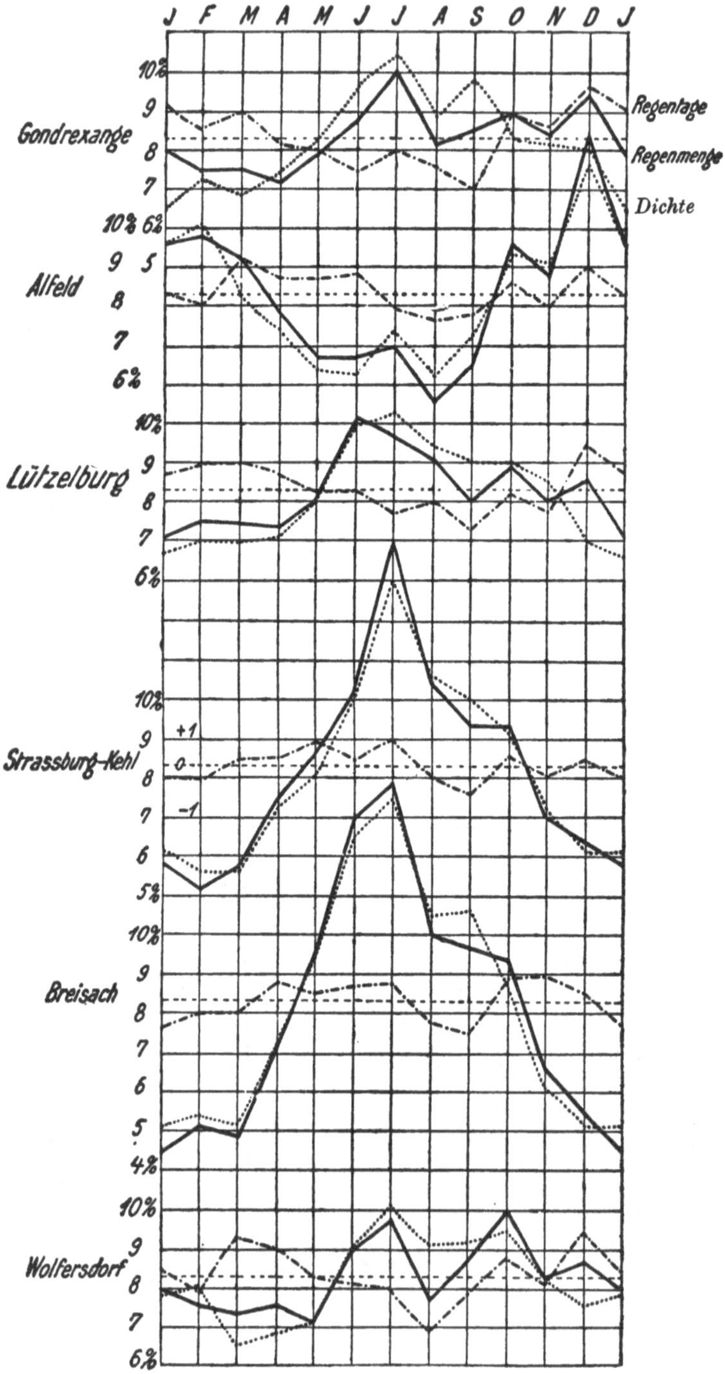
J F M A M J J A S O N D J
Gondrexange
Regentage
Regenmenge
Dichte
Alfeld
Lützelburg
Strassburg-Kehl
+1
0
-1
Breisach
Wolfersdorf
10%
9
8
7
6%

Niederschlagskoeffizienten.

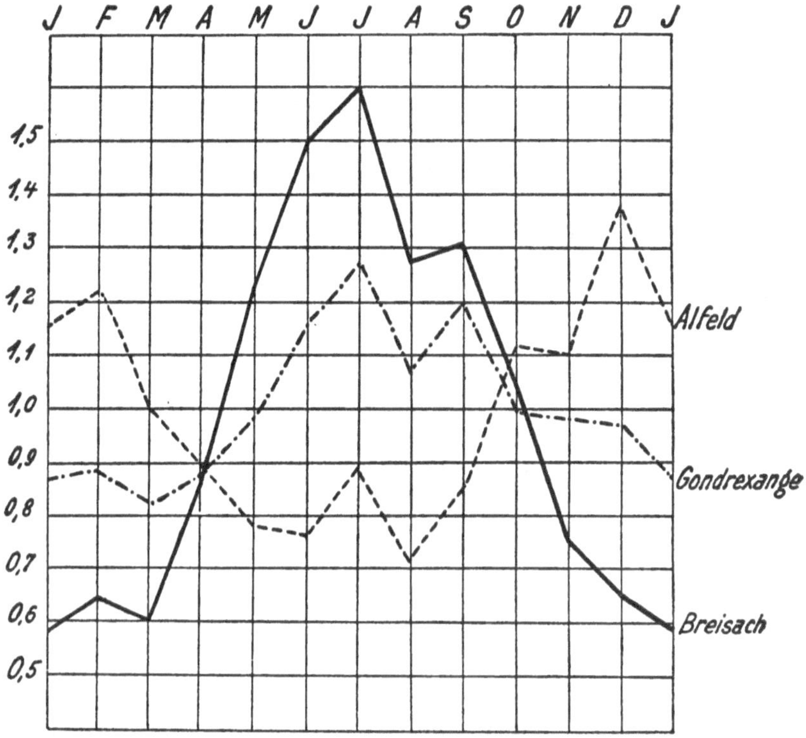

Ort	J	F	M	A	M	J	J	A	S	O	N	D
Gondrexange	0,87	0,87	0,83	0,88	0,99	1,17	1,28	1,07	1,20	1,00	0,98	0,97
Alfeld	1,16	1,23	1,00	0,90	0,78	0,77	0,89	0,72	0,86	1,12	1,10	1,38
Breisach	0,58	0,64	0,61	0,87	1,13	1,49	1,60	1,28	1,31	1,06	0,75	0,64

Die graphische Darstellung der Tabellenwerte ergibt folgende Resultate. 1. Die Lothringer Hochebene besitzt ein Maximum der Intensität im Juli, ein Minimum im Januar, sekundäre Maxima im September und Februar, Minima im August und März, einen Überschuß der Regendichte in der Zeit von Mai bis Oktober, in der übrigen Jahreshälfte einen Fehlbetrag gegenüber dem Jahresmittel. 2. Im Sundgau fällt das Hauptminimum auf den März, das Hauptmaximum auf den Juli, der Überschuß der Regendichte auf die Jahreshälfte

Juni bis November, der Fehlbetrag auf die Jahreshälfte Novomber bis Mai. 3. Die Rheinebene, die sich wieder durch die sehr starken Ausschläge der Kurven auszeichnet, besitzt das Hauptmaximum im Juli, Hauptminimum im März oder Januar. Die Kurve hat eine sehr einfache Form und besitzt kaum nennenswerte Teilmaxima bzw. Minima. Der Abschnitt Mai bis Oktober liegt oberhalb, der übrige Teil unterhalb der mittleren Amplitude. 4. Das Gebirge zeigt im Norden ganz ähnliche Verhältnisse wie Lothringen, im Süden hingegen fast die entgegengesetzten Verhältnisse wie die Rheinebene, einen Überschuß in der Jahreshälfte Oktober bis März, einen Fehlbetrag in der Zeit von April bis September, das Hauptminimum fällt auf den Dezember, das Minimum auf den August.

An Stelle der Prozentwerte kann man auch die mittleren monatlichen Niederschlagskoeffizienten verwerten, die Reihen der Dezimalzahlen bzw. Dezimalbrüche, die wir bereits im vorhergehenden Abschnitt kennen gelernt haben. Statt nun aber wieder die Differenzen zu bilden zwischen den Reihen für die Regentage und Regenmengen, empfiehlt es sich, die Quotienten zu bilden. Ich habe für drei Stationen die Berechnung durchgeführt. Zeichnet man die in der Tabelle verzeichneten Werte wieder graphisch auf, so erhält man Kurven von genau derselben Form wie vorher bei den Differenzen, mit dem einzigen Unterschied, daß der Ausschlag der Kurven viel größer wird. Die drei übereinander gezeichneten Kurven gestatten einen guten Überblick über die Unterschiede der Regendichte von Lothringer Hochebene, Rheintal und Südvogesen.

Mittl. monatliche Niederschlagskoeffizienten.

Ort	J	F	M	A	M	J	J	A	S	O	N	D	
Alfeld	0,98	0,94	1,10	1,03	1,02	1,08	0,94	0,93	0,92	1,01	0,97	1,09	Regentage
	1,15	**1,18**	**1,10**	**0,94**	**0,81**	**0,80**	**0,85**	**0,67**	**0,79**	**1,15**	**1,04**	**1,49**	**Regenmenge**
Melkerei	1,03	1,01	1,08	1,07	1,05	1,01	0,96	0,91	0,80	0,98	0,97	1,09	Regentage
	1,1	**1,01**	**0,94**	**0,95**	**0,90**	**0,97**	**1,08**	**0,78**	**0,85**	**1,09**	**1,01**	**1,32**	**Regenmenge**
Lützelburg	1,04	1,07	1,07	1,02	0,99	0,99	0,92	0,96	0,88	0,98	0,94	1,13	Regentage
	0,85	**0,90**	**0,90**	**0,89**	**0,96**	**1,20**	**1,16**	**1,09**	**0,96**	**1,07**	**0,96**	**1,03**	**Regenmenge**

Mittl. monatliche Niederschlagskoeffizienten. (Fortsetzung).

Ort	J	F	M	A	M	J	J	A	S	O	N	D	
Gondrexange	1,09	1,03	1,08	0,99	0,96	0,89	0,95	0,91	0,84	1,07	1,03	1,16	Regentage
	0,95	**0,90**	**0,90**	**0,87**	**0,95**	**1,04**	**1,21**	**0,97**	**1,01**	**1,07**	**1,01**	**1,13**	**Regenmenge**
Straßburg	0,96	0,96	1,01	1,02	1,07	1,02	1,08	0,97	0,91	1,02	0,97	1,02	Regentage
	0,70	**0,62**	**0,70**	**0,90**	**1,04**	**1,24**	**1,67**	**1,26**	**1,12**	**1,12**	**0,84**	**0,77**	**Regenmenge**
Breisach	0,92	0,96	0,96	1,04	1,02	1,03	1,04	0,94	0,90	1,07	1,07	1,02	Regentage
	0,54	**0,61**	**0,59**	**0,91**	**1,15**	**1,54**	**1,67**	**1,20**	**1,17**	**1,13**	**0,80**	**0,65**	**Regenmenge**
Wolfersdorf	1,02	0,95	1,11	1,08	1,00	0,98	0,95	0,81	0,92	1,05	1,00	1,13	Regentage
	0,96	**0'91**	**0,89**	**0,91**	**0,85**	**1,07**	**1,18**	**0,92**	**1,03**	**1,20**	**0,99**	**1,04**	**Regenmenge**

Durch Auswertung der mit Hilfe des selbstregistrierenden Hellmannschen Regenmessers gewonnenen Beobachtungen konnte die Regendichte von Straßburg etwas genauer untersucht werden. Statt die Regentage mit der Regenhöhe konnten hier die Regenstunden mit der Regenhöhe jedes einzelnen Monats verglichen werden. Das Resultat der 10jährigen Beobachtungen (1895 bis 1904) [vom Januar sind nur 8 Jahrgänge verwendbar] ist in folgender Tabelle enthalten:

J		F		M		A		M		J	
Menge	**Zeit**	M	**Z**	M	**Z**	M	**Z**	M	**Z**	M	**Z**
38,1	**49,0**	31,6	**48,0**	42,8	**56,5**	44,7	**47,2**	68,5	**50,5**	70,9	**43,1**
1	**1,287**	1	**1,520**	1	**1,316**	1	**1,058**	1	**0,736**	1	**0,607**
0,776	**1**	0,658	**1**	0,757	**1**	0,950	**1**	1,358	**1**	1,647	**1**
J		**A**		**S**		**O**		**N**		**D**	
M	**Z**	M	**Z**	M	**Z**	M	**Z**	M	**Z**	M	**Z**
88,3	**48,8**	79,7	**43,4**	62,0	**53,1**	45,3	**50,8**	54,4	**66,6**	43,1	**57,4**
1	**0,553**	1	**0,544**	1	**0,857**	1	**1,122**	1	**1,222**	1	**1,822**
1,808	**1**	1,838	**1**	1,168	**1**	0,893	**1**	0,816	**1**	0,751	**1**

Hiernach kommen auf den Januar im Durchschnitt 38,1 mm Regenhöhe und 49,0 Regenstunden, das macht pro Regenstunde 0,776 mm, pro Millimeter 1,287 Stunden, entsprechend für die anderen Monate. Die Reihen der Dezimalzahlen orientieren wieder genau über den Verlauf der Regendichte in den verschiedenen Monaten, eine graphische Aufzeichnung ist nicht nötig. Es ist bedauerlich, daß nur von einer einzigen Station solche Beobachtungen vorliegen. Es wäre interessant gewesen, auf Grund solcher Beobachtungen einen Vergleich zwischen den einzelnen Landesteilen durchzuführen.

I. Regenmengen.

	1	2	3	4	5	6	7	8	9	10	11	12	1	2	3	4	5	6	7	8	9	10	11	12	A	M
Januar	1,5	2,1	1,8	1,8	1,8	1,7	1,7	1,5	1,5	0,9	1,1	1,3	1,3	1,0	1,5	1,4	1,7	1,5	2,0	2,2	1,6	1,8	1,4	2,1	1,3	1,60
Februar	1,3	1,6	1,0	1,4	1,2	1,1	0,9	0,8	1,0	1,6	1,0	0,9	0,8	1,4	1,4	1,0	1,7	1,8	1,6	1,5	2,0	1,4	2,0	1,8	1,2	1,34
März	1,6	1,3	1,6	1,6	1,6	2,1	1,7	1,5	1,2	1,1	0,6	0,9	0,8	1,4	1,7	1,4	2,6	2,0	1,9	2,0	1,7	1,0	1,0	1,1	2,0	1,47
April	2,7	2,5	2,8	2,7	1,9	2,2	1,8	2,0	1,6	1,2	1,1	1,9	1,7	2,0	1,1	0,9	1,8	2,4	1,6	1,7	1,8	1,2	1,2	1,8	1,9	1,81
Mai	1,6	2,5	2,0	1,7	2,0	3,1	3,4	2,4	2,0	2,9	2,7	5,2	4,4	2,5	4,2	3,0	3,5	2,3	5,6	3,9	3,4	2,1	2,2	2,1	4,0	2,95
Juni	1,3	1,2	2,1	2,5	3,3	2,8	3,8	3,5	2,4	1,7	2,8	3,0	2,7	5,6	6,3	4,5	4,2	8,5	3,4	3,8	2,1	2,5	2,9	1,1	7,4	3,25
Juli	3,6	2,1	2,7	2,6	5,1	2,1	1,8	1,9	2,5	4,4	5,0	3,6	3,7	3,6	5,0	6,3	3,9	7,2	6,2	4,9	6,3	5,5	5,2	1,8	5,4	4,04
August	3.8	2,3	1,6	1,9	2,7	2,5	2,0	1,5	1,9	1,8	2,9	2,1	3,2	6,0	3,8	3.9	3,2	3,3	2,2	3,8	3,6	2,8	5,8	5,5	4,5	3,13
September	3,6	3,1	3,2	2,2	2,9	3,7	4,0	5,3	3,2	2,4	2,2	2,5	2,2	1,4	2,2	2,5	1,5	3,2	2,7	2,5	1,7	1,9	1,4	2,3	3,9	2,66
Oktober	2,2	1,8	2,0	2,0	2,6	1,9	1,8	1,1	1,2	1,2	0,9	1,4	1,9	1,5	2,2	2,1	2,9	2,3	1,8	2,1	2,3	2,2	1,9	1,8	1,8	1,88
November	2,2	2,2	2,4	2,9	2,8	2,3	2,9	2,2	2,1	2,2	1,9	2,0	2,2	2,2	2,5	2,5	3,0	2,8	3,2	2,7	2,4	1,8	2,1	2,8	1,4	2,43
Dezember	1,7	1,3	1,8	1,5	1,7	1,9	1,8	1,4	1,3	2,1	1,9	2,1	1,9	2,5	2,0	2,1	1,4	1,7	1,8	1,9	2,0	2,2	1,5	1,9	1,2	1,80

II. Regendauer.

	1	2	3	4	5	6	7	8	9	10	11	12	1	2	3	4	5	6	7	8	9	10	11	12	A	M
Januar	118	115	132	144	124	145	157	90	108	104	117	82	104	87	128	114	90	123	138	138	154	154	124	138	75	122
Februar	134	135	146	139	138	153	138	91	112	129	107	79	78	82	93	83	120	127	111	123	152	137	137	112	74	119
März	155	160	162	182	189	178	185	133	139	125	118	105	100	94	100	115	127	152	168	164	166	164	159	136	95	145
April	100	139	140	140	147	156	147	130	130	93	71	92	84	77	72	82	99	115	96	120	105	113	99	91	85	110
Mai	163	161	185	171	173	167	162	112	135	126	105	125	139	140	157	139	137	134	126	124	128	134	133	128	80	142
Juni	87	83	113	95	171	133	142	133	121	117	114	109	96	84	115	105	89	153	131	118	116	94	96	89	88	113
Juli	129	127	132	136	144	131	140	103	75	116	136	100	89	102	107	120	143	148	175	173	168	178	174	140	103	133
August	122	109	99	107	142	137	107	73	83	98	92	76	70	98	95	90	102	111	120	116	125	139	153	153	83	109
September	152	134	149	152	172	202	189	154	162	117	115	101	106	76	106	118	100	124	136	112	98	126	130	158	126	133
Oktober	146	145	167	154	156	151	146	101	122	113	95	112	125	126	142	125	123	121	114	112	116	121	119	115	72	128
November	181	192	176	176	185	208	203	170	176	180	143	133	127	145	153	144	161	158	162	156	174	153	159	186	81	167
Dezember	135	143	128	136	133	139	157	142	128	124	133	142	144	158	166	144	146	140	157	144	152	154	151	150	42	144

III. Anzahl der Tage mit < 0,1 mm Niederschlag in der betr. Tagesstunde.

	1	2	3	4	5	6	7	8	9	10	11	12	1	2	3	4	5	6	7	8	9	10	11	12
Januar	3,0	2,6	3,3	3,3	2,8	3,4	3,6	2,0	2,8	2,3	3,3	2,8	2,5	2,0	3,0	2,8	1,8	1,4	3,0	3,1	3,1	3,0	2,6	3,0
Februar	2,8	2,6	3,0	3,1	3,1	2,8	3,1	2,1	2,8	3,2	2,1	2,1	2,3	2,0	2,1	2,0	3,0	3,0	2,4	3,2	3,1	3,3	3,1	2,3
März	3,2	3,3	3,6	3,6	4,2	3,6	4,2	3,3	3,4	2,9	3,3	2,6	2,7	2,1	2,6	3,2	3,0	4,0	4,0	3,6	3,2	3,3	3,6	2,8
April	2,5	3,1	3,4	3,0	3,1	3,4	2,9	2,9	3,2	2,3	1,7	1,9	2,0	2,4	1,8	1,9	2,7	3,3	2,8	2,5	2,4	2,4	2,7	2,3
Mai	3,2	2,8	2,8	3,1	3,7	3,6	3,9	3,8	3,3	3,2	2,8	2,9	2,5	3,4	3,9	3,3	3,1	3,5	2,8	3,1	3,6	3,0	3,3	3,4
Juni	1,8	2,4	2,7	2,5	3,6	2,9	2,9	3,2	3,1	2,5	3,0	3,1	2,8	2,6	3,2	3,1	3,3	4,1	3,6	2,9	2,7	2,4	2,5	2,1
Juli	3,0	2,9	3,3	3,5	3,4	3,2	3,8	2,6	2,1	3,2	3,6	3,4	2,9	3,3	3,7	3,1	3,4	3,9	4,5	4,4	3,8	4,5	4,0	3,1
August	3,3	2,8	2,9	2,9	3,5	2,9	3,0	2,0	2,3	2,4	2,4	2,6	2,2	3,3	2,9	2,7	2,9	3,0	3,0	3,0	2,6	3,9	4,0	3,9
September	3,8	3,2	3,2	3,0	3,5	4,0	4,0	3,7	3,7	2,7	2,7	2,4	2,6	2,7	2,6	2,4	2,3	3,2	3,2	2,6	2,4	2,8	2,8	3,4
Oktober	3,1	3,4	3,2	2,8	2,9	2,8	2,7	2,6	2,6	2,2	2,2	3,0	2,9	2,6	3,2	2,7	3,1	2,7	2,6	2,5	2,6	2,4	2,5	2,0
November	3,6	3,7	3,7	3,1	3,6	4,5	3,9	3,7	4,1	3,9	3,0	2,7	3,2	3,2	3,5	3,2	3,1	3,5	3,6	3,3	3,6	3,1	3,5	3,7
Dezember	3,0	3,1	2,5	2,6	2,7	3,0	3,6	3,0	3,2	2,5	2,9	2,9	3,4	3,6	3,3	3,3	3,2	3,2	3,7	3,1	3,7	3,3	3,3	3,1

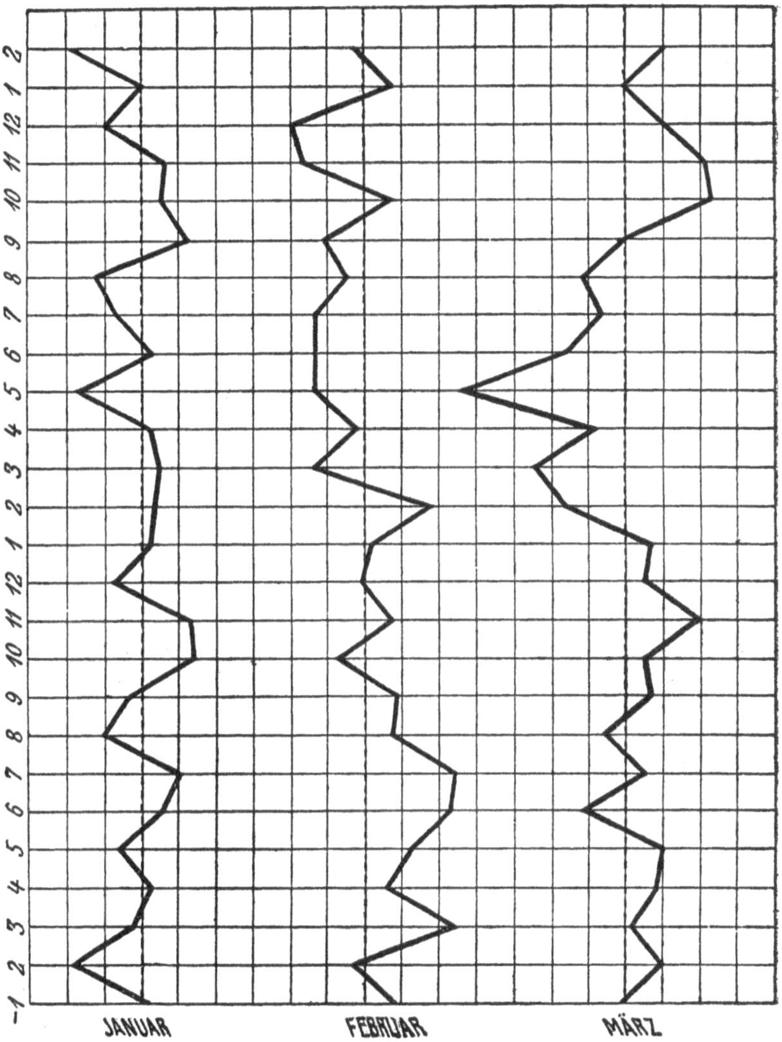

Kurven der stündlichen Intensität.

IV. Intensität des stündlichen Niederschlags. — 10jährige Mittel.

1	2	3	4	5	6	7	8	9	10	11	12		
0,94	1,31	1,13	1,13	1,13	1,06	1,06	0,94	0,94	0,56	0,69	0,81	Menge	Januar
0,97	0,94	1,08	1,18	1,02	1,19	1,29	0,74	0,89	0,85	0,96	0,67	Dauer	
— 0,03	+ 0,37	+ 0,05	— 0,05	+ 0,11	— 0,13	— 0,23	+ 0,20	+ 0,05	— 0,29	— 0,27	+ 0,14	Intensität	
0,81	0,62	0,94	0,87	1,06	0,94	1,25	1,37	1,00	1,13	0,88	1,31	Menge	
0,85	0,71	1,05	0,94	0,74	1,01	1,13	1,13	1,26	1,26	1,02	1,13	Dauer	
— 0,04	— 0,09	— 0,11	— 0,07	+ 0,32	— 0,07	+ 0,12	+ 0,24	— 0,26	— 0,13	— 0,14	+ 0,18	Intensität	
0,97	1,19	0,75	1,04	0,90	0,82	0,67	0,60	0,75	1,19	0,75	0,67	Menge	Februar
1,13	1,14	1,23	1,17	1,16	1,29	1,16	0,76	0,94	1,08	0,90	0,66	Dauer	
— 0,16	+ 0,05	— 0,48	— 0,13	— 0,26	— 0,47	— 0,49	— 0,16	— 0,19	+ 0,11	— 0,15	+ 0,01	Intensität	
0,60	1,04	1,04	0,75	1,27	1,34	1,20	1,12	1,49	1,04	1,49	1,34	Menge	
0,66	0,69	0,78	0,70	1,01	1,07	0,93	1,03	1,28	1,15	1,15	0,94	Dauer	
— 0,06	— 0,35	+ 0,26	+ 0,05	+ 0,26	+ 0,27	+ 0,27	+ 0,09	+ 0,21	— 0,11	+ 0,34	+ 0,40	Intensität	
1,09	0,89	1,09	1,09	1,09	1,43	1,16	1,02	0,82	0,75	0,41	0,61	Menge	März
1,13	1,14	1,23	1,17	1,16	1,29	1,16	0,76	0,94	1,08	0,90	0,66	Dauer	
+ 0,02	— 0,21	— 0,03	— 0,17	— 0,21	+ 0,20	— 0,11	+ 0,10	— 0,14	— 0,11	— 0,40	— 0,11	Intensität	
0,54	0,95	1,16	0,95	1,77	1,36	1,30	1,36	1,16	0,68	0,68	0,75	Menge	
0,66	0,69	0,78	0,70	1,01	1,07	0,93	1,03	1,28	1,15	1,15	0,94	Dauer	
— 0,15	+ 0,30	+ 0,47	+ 0,16	+ 0,89	+ 0,31	+ 0,14	+ 0,23	+ 0,02	— 0,45	— 0,42	— 0,16	Intensität	

Kurven der stündlichen Intensität.

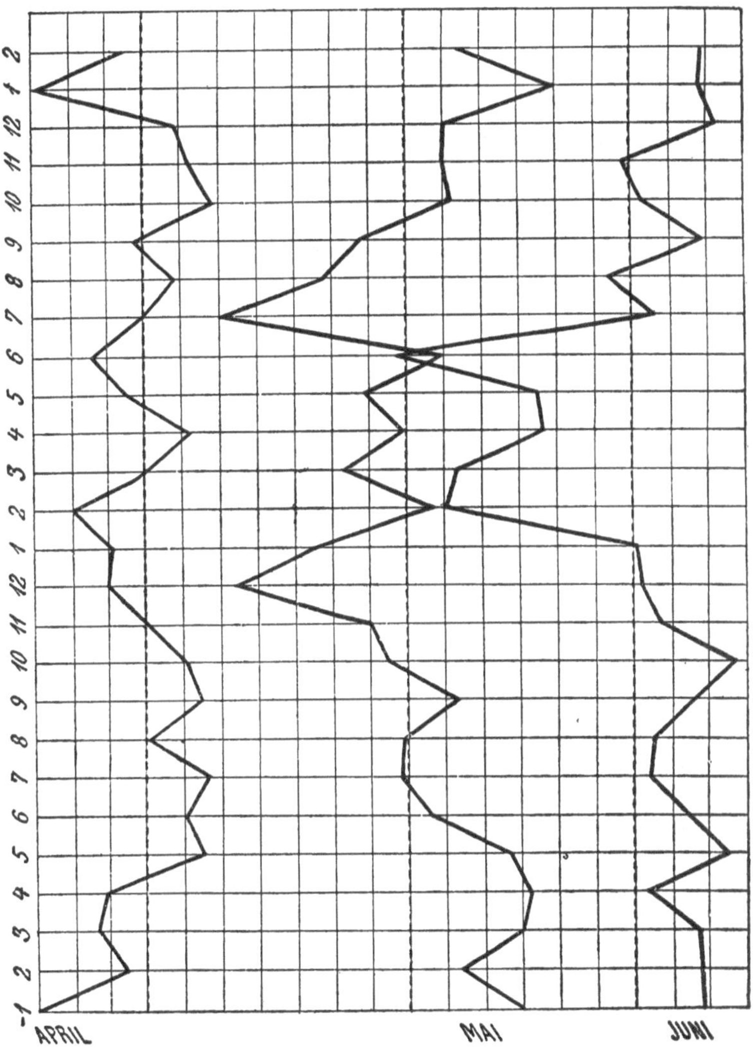

Tabelle IV. Fortsetzung.

1	2	3	4	5	6	7	8	9	10	11	12		
1,49	1,38	1,55	1,49	1,05	1,22	1,00	1,10	0,88	0,66	0,61	1,05	Menge	April
0,91	1,21	1,27	1,27	1,33	1,42	1,33	1,18	1,18	0,84	0,64	0,83	Dauer	
+ 0,58	+ 0,12	+ 0,28	+ 0,22	— 0,28	— 0,20	— 0,33	— 0,08	— 0,30	— 0,22	— 0,03	+ 0,22	Intensität	
0,94	1,10	0,61	0,50	1,00	1,32	0,88	0,94	1,00	0,66	0,66	1,00	Menge	
0,76	0,70	0,65	0,74	0,90	1,04	0,87	1,09	0,95	1,02	0,90	0,83	Dauer	
+ 0,18	+ 0,40	— 0,04	— 0,24	+ 0,10	+ 0,28	+ 0,01	— 0,15	+ 0,05	— 0,36	— 0,24	+ 0,17	Intensität	
0,54	0,85	0,68	0,58	0,68	1,05	1,15	0,81	0,68	0,98	0,92	1,76	Menge	Mai
1,14	1,13	1,30	1,21	1,22	1,18	1,14	0,79	0,95	0,89	0,74	0,88	Dauer	
— 0,60	— 0,28	— 0,62	— 0,63	— 0,54	— 0,13	+ 0,01	+ 0,02	— 0,27	+ 0,09	+ 0,18	+ 0,88	Intensität	
1,49	0,85	1,42	1,02	1,19	0,78	1,90	1,32	1,15	0,71	0,75	0,71	Menge	
0,98	0,99	1,10	0,98	0,96	0,94	0,89	0,87	0,90	0,94	0,94	0,90	Dauer	
+ 0,51	— 0,14	+ 0,32	+ 0,04	+ 0,23	— 0,16	+ 1,01	+ 0,45	+ 0,25	— 0,23	— 0,19	— 0,19	Intensität	
0,40	0,37	0,65	0,77	1,01	0,86	1,17	1,08	0,74	0,52	0,86	0,92	Menge	Juni
0,77	0,73	1,00	0,84	1,51	1,18	1,26	1,18	1,07	1,04	1,01	0,97	Dauer	
— 0,37	— 0,36	— 0,35	— 0,07	— 0,50	— 0,32	— 0,09	— 0,10	— 0,33	— 0,52	— 0,15	— 0,05	Intensität	
0,83	1,72	1,94	1,39	1,29	2,61	1,05	1,17	0,65	0,77	0,89	0,34	Menge	
0,85	0,74	1,02	0,93	0,79	1,35	1,16	1,04	1,03	0,83	0,85	0,79	Dauer	
— 0,02	+ 0,98	+ 0,92	+ 0,46	+ 0,50	+ 1,26	— 0,11	+ 0,13	— 0,38	— 0,06	+ 0,04	— 0,45	Intensität	

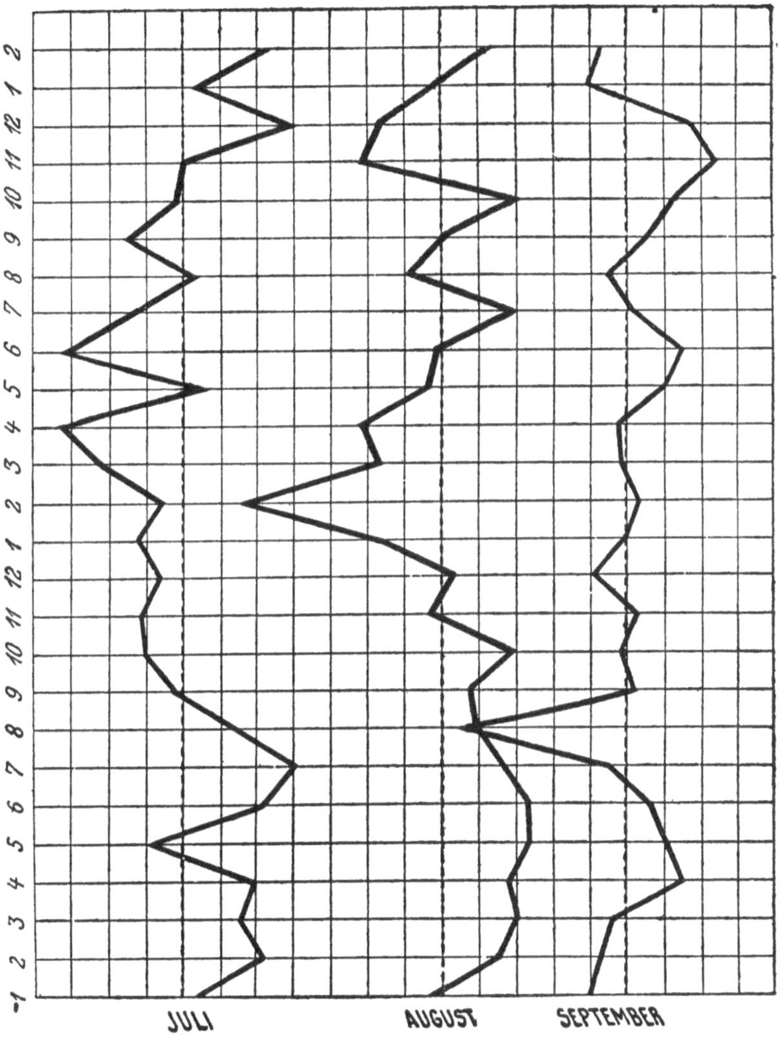

Kurven der stündlichen Intensität.

Tabelle IV. Fortsetzung.

1	2	3	4	5	6	7	8	9	10	11	12		
0,89	0,52	0,67	0,64	1,26	0,52	0,45	0,47	0,62	1,09	1,24	0,89	Menge	Juli
0,97	0,96	0,99	1,02	1,08	0,99	1,05	0,77	0,56	0,87	1,02	0,75	Dauer	
— 0,08	— 0,44	— 0,32	— 0,38	+ 0,18	— 0,47	— 0,60	— 0,30	+ 0,06	+ 0,22	+ 0,22	+ 0,14	Intensität	
0,92	0,89	1,24	1,56	0,97	1,78	1,54	1,21	1,56	1,36	1,29	0,45	Menge	
0,67	0,77	0,81	0,90	1,08	1,11	1,32	1,30	1,26	1,34	1,31	1,05	Dauer	
+ 0,25	+ 0,12	+ 0,43	+ 0,66	— 0,11	+ 0,67	+ 0,22	— 0,09	+ 0,30	+ 0,02	— 0,02	— 0,60	Intensität	
1,21	0,74	0,51	0,61	0,86	0,80	0,64	0,48	0,61	0,57	0,92	0,67	Menge	August
1,12	1,00	0,91	0,98	1,30	1,26	0,98	0,67	0,76	0,90	0,84	0,70	Dauer	
+ 0,09	— 0,26	— 0,40	— 0,37	— 0,44	— 0,46	— 0,34	— 0,19	— 0,15	— 0,33	+ 0,08	— 0,03	Intensität	
1,02	1,92	1,21	1,25	1,02	1,05	0,70	1,21	1,15	0,89	1,85	1,76	Menge	
0,64	0,90	0,87	0,83	0,93	1,02	1,10	1,06	1,14	1,27	1,40	1,40	Dauer	
+ 0,38	+ 1,02	+ 0,34	+ 0,42	+ 0,09	+ 0,03	— 0,40	+ 0,15	+ 0,01	— 0,38	+ 0,45	+ 0,36	Intensität	
1,35	1,17	1,20	0,83	1,09	1,39	1,50	2,00	1,20	0,90	0,83	0,94	Menge	September
1,14	1,01	1,12	1,14	1,29	1,53	1,42	1,16	1,22	0,88	0,87	0,76	Dauer	
+ 0,21	+ 0,15	+ 0,08	— 0,31	— 0,20	— 0,14	+ 0,08	+ 0,84	— 0,02	+ 0,02	— 0,04	+ 0,18	Intensität	
0,83	0,53	0,83	0,94	0,56	1,20	1,01	0,94	0,64	0,72	0,53	0,86	Menge	
0,80	0,57	0,80	0,89	0,75	0,93	1,02	0,84	0,74	0,95	0,98	1,19	Dauer	
+ 0,03	— 0,04	+ 0,03	+ 0,05	— 0,19	+ 0,27	— 0,01	+ 1,00	— 0,10	— 0,23	— 0,45	— 0,33	Intensität	

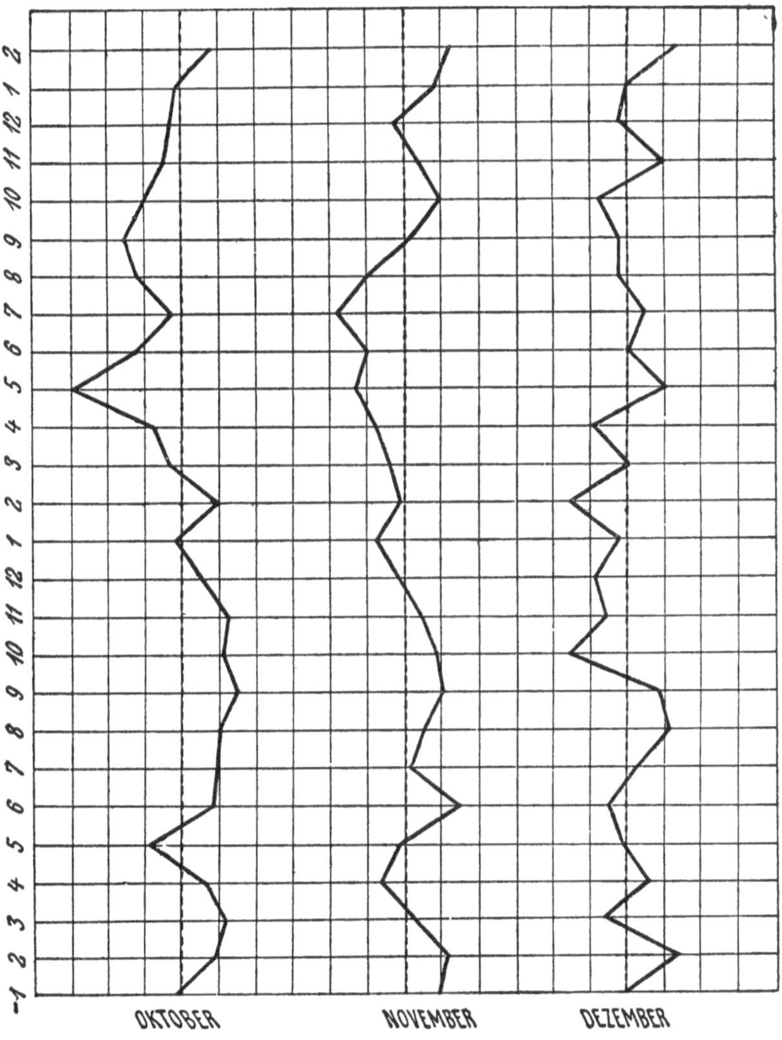

Kurven der stündlichen Intensität.

Tabelle IV. Fortsetzung.

1	2	3	4	5	6	7	8	9	10	11	12		
1,17	0,96	1,06	1,06	1,38	1,01	0,96	0,58	0,64	0,64	0,48	0,74	Menge	Oktober
1,14	1,13	1,30	1,20	1,22	1,18	1,14	0,79	0,95	0,88	0,74	0,87	Dauer	
+ 0,03	— 0,17	— 0,24	— 0,14	+ 0,16	— 0,17	— 0,18	— 0,21	— 0,31	— 0,24	— 0,26	— 0,13	Intensität	
1,01	0,80	1,17	1,12	1,54	1,22	0,96	1,12	1,22	1,17	1,01	0,96	Menge	
0,98	0,99	1,11	0,98	0,96	0,95	0,89	0,88	0,91	0,95	0,93	0,90	Dauer	
+ 0,03	— 0,19	+ 0,06	+ 0,14	+ 0,58	+ 0,27	+ 0,07	+ 0,24	+ 0,31	+ 0,22	+ 0,08	+ 0,06	Intensität	
0,91	0,91	0,99	1,19	1,15	0,95	1,19	0,91	0,86	0,91	0,78	0,82	Menge	November
1,08	1,15	1,05	1,05	1,11	1,24	1,22	1,02	1,06	1,08	0,86	0,80	Dauer	
— 0,17	— 0,24	— 0,06	+ 0,14	+ 0,04	— 0,29	— 0,03	— 0,11	— 0,20	— 0,17	— 0,08	+ 0,02	Intensität	
0,91	0,91	1,03	1,03	1,23	1,15	1,32	1,11	0,99	0,74	0,87	1,15	Menge	
0,75	0,87	0,92	0,86	0,96	0,95	0,97	0,93	1,04	0,92	0,95	1,11	Dauer	
+ 0,16	+ 0,04	+ 0,11	+ 0,17	+ 0,27	+ 0,20	+ 0,35	+ 0,20	— 0,05	— 0,18	— 0,08	+ 0,04	Intensität	
0,94	0,72	1,00	0,83	0,94	1,05	1,00	0,78	0,72	1,17	1,05	1,17	Menge	Dezember
0,94	0,99	0,89	0,95	0,92	0,96	1,09	0,99	0,89	0,86	0,92	0,99	Dauer	
0,0	— 0,27	+ 0,11	— 0,12	+ 0,02	+ 0,09	— 0,09	— 0,21	+ 0,17	+ 0,31	+ 0,13	+ 0,18	Intensität	
1,05	1,39	1,11	1,17	0,78	0,94	1,00	1,05	1,11	1,22	0,83	1,05	Menge	
1,00	1,10	1,15	1,00	1,01	0,97	1,09	1,00	1,06	1,07	1,05	1,04	Dauer	
+ 0,05	+ 0,29	— 0,04	+ 0,17	— 0,23	— 0,03	— 0,09	+ 0,05	+ 0,05	+ 0,15	— 0,22	+ 0,01	Intensität	

V. Stündliche Intensität des Niederschlags zu Straßburg.

Die Aufstellung des Hellmannschen Regenmessers im Institutsgarten der meteorologischen Landesanstalt gestattet aus der stündlichen Verteilung der Regenmengen in den einzelnen Monaten und aus der stündlichen Dauer des Regenfalls die stündliche Intensität desselben für die zwölf Monate des Jahres zu berechnen. Wenn nun auch bloß 10 Jahrgänge von Beobachtungen vorliegen, eine Anzahl, die viel zu klein ist, um allgemeine Resultate abzuleiten, so sei trotzdem das Ergebnis der Berechnung mitgeteilt. Tabelle I enthält die Mittel der Regenmengen, Tabelle II die Mittel der Regendauer in Minuten, Tabelle III die Mittel der Anzahl von Tagen mit wenigstens 0,1 mm Regenhöhe in der betreffenden Tagesstunde. Die Intensität ist nun wieder in der Weise berechnet worden, daß man jedes Stundenmittel durch das Monatsmittel dividiert, sowohl die Mittel der Regenmenge wie die der Regendauer, und die beiden Quotienten dann subtrahiert oder dividiert. Zeichnet man dann die Reihen der Differenzen bzw. Quotienten graphisch auf, so erhält man folgendes Ergebnis:

1. Januar, Max. der Intensität
   $5—8^{p}$, $12^{p}—2^{a}$, 8^{a}, $12^{mttg.}$
2. Februar
   $3—12^{p}$, 10^{a}
3. März
   6^{a}, $2—8^{p}$
4. April
   $12—2^{p}$, $5—7^{p}$, $1—4^{a}$
5. Mai
   $10^{a}—1^{p}$, 3^{p}, $6—9^{p}$
6. Juni
   $2—7^{p}$
7. Juli
   5^{a}, $10—11^{a}$, $3—4^{p}$, $6—7^{p}$
8. August
   $1—4^{p}$, $11—12^{p}$
9. September
   $1—3^{a}$, $7—9^{a}$

10. Oktober

5^a, $4-6^p$, $8-10^p$

11. November

$4-5^a$, 1^p, $4-8^p$

12. Dezember

3^a, 6^a, 10^a-2^p, 10^p

Der Ausschlag der Kurven ist am größten im Frühjahr und Sommer — Maximum im Juni —, am kleinsten im Winter.

VI. Maximalwerte des Niederschlags.

Über die Maximalwerte des Niederschlags orientieren die folgenden Tabellen. Die erste Tabelle enthält die 24 jährigen Mittel der in jedem Monat innerhalb 24 Stunden gemessenen größten Niederschlagshöhen, die zweite die größten 24 stündlichen Werte, die in den 24 Jahren vorgekommen sind, die dritte die kleinsten Maximalwerte. Schreibt man die 24 Reihen der größten in jedem Monat beobachteten 24 stündlichen Niederschläge untereinander und unterstreicht man in jeder Reihe die größte Zahl, die vorkommt, dann findet man, wie Tabelle IV zeigt, daß beim Belchen das Maximum der Maximalniederschläge in 24 Jahren 6 mal auf den Januar bzw. Dezember und nur je einmal auf den Juni bzw. Juli fällt. In der Rheinebene ist es umgekehrt, dort fällt das Maximum der Maximalwerte meist auf die Sommermonate. Lothringen nimmt eine Mittelstellung ein zwischen Rheinebene und Südvogesen. Die Niederschlagskurven ließen bereits dieses Resultat erraten. Der starke Ausschlag der Gebirgskurven im Dezember rührt her von den intensiven Regengüssen in dieser Jahreszeit.

24jähr. Mittel der größten innerhalb 24 Stunden beobachteten Niederschläge.

Ort	J	F	M	A	M	J	J	A	S	O	N	D
Belchen	54	40	40	32	32	34	37	33	29	36	44	48
Alfeld	56	50	52	39	41	35	35	30	32	44	54	66
Mülhausen	13	12	13	14	15	21	23	15	21	16	16	16
Straßburg	11	9	11	11	18	21	23	20	15	15	14	10
Herrenwald	19	14	15	13	17	24	24	22	18	19	21	17
Saargemünd	13	12	13	12	15	20	20	18	20	18	17	14
Novéant	11	10	12	9	13	18	16	18	13	18	14	13

Absolute Maxima innerhalb 24 Stunden.

Ort	J	F	M	A	M	J	J	A	S	O	N	D
Belchen	138	101	96	76	91	71	75	59	85	87	95	81
Alfeld	126	116	102	68	115	64	64	58	100	78	93	110
Mülhausen	32	26	29	33	34	55	72	35	49	32	55	35
Straßburg	31	19	20	21	34	44	44	55	36	26	42	27
Herrenwald	31	28	26	26	40	72	87	45	35	74	48	37
Saargemünd	29	23	25	26	43	53	56	53	51	35	56	26
Novéant	27	22	20	26	25	40	37	37	40	60	31	22

Kleinste Maxima innerhalb 24 Stunden.

Ort	J	F	M	A	M	J	J	A	S	O	N	D
Belchen	6	3	11	1	6	11	18	16	7	2	9	9
Alfeld	9	3	16	0	11	15	15	10	6	6	22	28
Mülhausen	5	2	2	0	5	6	6	4	2	4	3	5
Straßburg	4	2	3	0	4	7	13	8	4	5	5	4
Herrenwald	3	3	7	0	1	6	8	7	1	2	6	6
Saargemünd	5	4	6	3	3	4	4	8	4	2	5	5
Novéant	3	1	4	0	0	4	8	9	3	3	5	4

Maximum der Maximalniederschläge in 24 Jahren.

Ort	J	F	M	A	M	J	J	A	S	O	N	D
Belchen	6	2	2	0	1	1	1	2	0	1	2	6
Alfeld	7	5	3	0	2	1	0	0	0	0	1	4
Mülhausen	2	1	0	0	1	5	3	2	5	1	2	1
Straßburg	1	0	0	0	4	3	7	3	2	1	3	0
Herrenwald	0	0	1	0	2	3	3	3	2	2	5	2
Saargemünd	2	0	0	1	0	6	2	2	5	1	3	1
Novéant	0	0	0	0	4	4	3	5	3	4	1	0

VII. Schwellenwerte.

Auch die Berechnung der Schwellenwerte bringt uns keinen neuen Gewinn. Betrachten wir die Anzahl der Tage mit $\leqq$ 25 mm, so sehen wir, daß bei Straßburg (Rheinebene) die größten Zahlen in der Mitte stehen, desgleichen bei Gondrexange (Lothringen), aber hier finden wir auch im November und Dezember verhältnismäßig große Zahlen. Wildenstein in den Südvogesen hingegen weist eine Zahlenreihe auf mit kleinen Werten in der Mitte, mit großen an den beiden Enden, wie es nach dem vorhergehenden Abschnitt nicht anders zu erwarten ist. Warum Rubel in seiner Arbeit über die Niederschläge der Südvogesen die Schwellenwerte für jede einzelne Station berechnet hat, leuchtet nicht ein, irgend ein besonderes Ergebnis läßt sich aus der größeren Menge der Stationen nicht ableiten, es genügt, einige besondere Typen herauszugreifen.

Schwellenwerte des Niederschlags 1900—1910.

Ort	≦	J	F	M	A	M	J	J	A	S	O	N	D	Jahr
Gondrexange	1,0	117	118	126	113	113	95	102	101	90	108	107	121	1311
	5,0	48	42	47	52	46	46	44	47	46	36	44	54	552
	10,0	23	14	12	15	19	25	26	18	26	14	17	15	244
	15,0	5	7	6	3	7	10	13	8	16	7	8	8	98
	20,0	1	2	1	2	6	5	8	6	9	2	6	4	52
	25,0	1	1	0	1	4	3	5	5	5	0	3	4	32
Straßburg	1,0	87	86	90	103	102	91	109	97	91	95	82	93	1126
	5,0	25	16	22	32	39	40	57	50	45	40	30	17	413
	10,0	5	2	8	10	20	19	26	22	22	12	6	6	158
	15,0	0	2	2	3	9	9	16	11	7	4	2	1	66
	20,0	0	1	0	1	5	3	13	6	1	2	0	0	32
	25,0	0	0	0	0	3	1	8	4	1	0	0	0	17
Wildenstein	1,0	133	138	168	154	143	124	120	123	119	125	132	149	1628
	5,0	90	93	107	97	87	77	76	81	70	88	78	110	1054
	10,0	66	69	59	61	47	44	43	43	44	58	49	83	666
	15,0	53	49	42	38	33	29	28	27	29	44	31	62	465
	20,0	39	36	22	22	22	18	13	18	12	30	21	44	297
	25,0	32	29	16	12	16	14	8	9	7	25	11	31	210

VIII. Bewölkung und Niederschlag.

Vergleicht man die 15jährigen Mittel der Bewölkung von Belchen und Straßburg, so findet man bald eine positive, bald eine negative Abweichung der beiden Stationen. In der Zeit von Oktober bis Februar, d. i. die Zeit, wo im Verlauf des ganzen Jahres in der Rheinebene die stärkste Nebelbildung stattfindet, übertrifft das Mittel der Bewölkung von Straßburg dasjenige der Station Belchen. Im Frühjahr hingegen, wo auf den Gebirgshöhen im Vergleich zur Ebene starke Nebelbildung stattfindet, überwiegt die Bewölkungsziffer des Belchen. Das Minimum der Bewölkung fällt bei Straßburg zusammen mit dem Maximum der Niederschlagshöhe — allerdings nur scheinbar, denn im Sommer überwiegen die Haufenwolken, die nach oben sich entwickeln und dem Beobachter nur die schmale Grundfläche zukehren, die Wolkenmassen sind aber an und für sich bedeutender wie die Schichtwolken der übrigen Jahreszeiten. Beim Belchen entspricht dem Maximum der Bewölkung im April ein Minimum der Niederschlagshöhe, das Maximum im Oktober bis Dezember entspricht dem Maximum des Niederschlags. Im allgemeinen stimmt die Kurve der Bewölkung ziemlich gut überein mit der Kurve der Niederschlagstage.

Bewölkung (15jähr. Mittel).

Ort	J	F	M	A	M	J	J	A	S	O	N	D
Straßburg	7,7	6,9	6,6	6,5	6,1	5,9	5,5	5,4	5,9	6,7	7,6	7,8
Belchen	6,3	6,7	6,9	7,0	6,5	6,4	5,4	5,3	6,3	6,7	6,6	6,7
	1,4	0,2	−0,3	−0,5	−0,4	−0,5	+0,1	+0,1	−0,4	0,0	+1,0	+1,1

IX. Niederschlag und Nebel.

Der Einfluß des Nebels ist bereits im vorigen Abschnitt besprochen. Er verdient noch weitere Beachtung aus folgendem Grunde. Die Stationen des Landes, die längere Zeit in Nebel gehüllt sind, ergeben eine viel größere Anzahl von Niederschlagstagen wie die übrigen Stationen, ohne daß zugleich die Regenmengen stark von einander abweichen. Dadurch aber ergibt sich für beide ein großer Unterschied in der Regenwahrscheinlichkeit. Tal- und benachbarte Höhenstationen werden also aus diesem Grunde verschiedene Werte der Regenwahrscheinlichkeit ergeben.

Trägt man die Zahlenreihen für die Nebelbildung graphisch auf, so erhält man Kurven mit einem Maximum im Spätjahr und Minimum im Frühjahr. Gondrexange und Eichhoff weichen von den übrigen lothringischen Stationen ab durch etwas stärkere Nebelbildung im Januar. Das Belchenmaximum fällt auf den Dezember, das Minimum auf den Juli. Eine Sonderstellung nimmt Hüningen ein. Die Kurve weist ein Hauptmaximum im Oktober auf, ein sekundäres im Mai — Maximum der Regentage ebenfalls im Mai —, die Minima fallen auf März und Juni-Juli. Auffallend ist der große Unterschied in der Nebelbildung von Lützelburg und Herrenwald. Die beiden Kurven durchkreuzen sich. Im Sommer überwiegt die Nebelbildung in Lützelburg, in der übrigen Zeit die von Herrenwald. Das Forsthaus Herrenwald liegt im Gegensatz zur Beobachtungsstelle in Lützelburg nicht unten im Tal, sondern auf der Talseite, auf einem Sattel. In schmalen Tälern kann man nun in der kälteren Jahreszeit häufig beobachten, daß die Wolkenbank wie eine Brücke quer über das Tal sich legt, die Hänge beiderseits in Nebel einhüllt, während die Talsohle selbst nebelfrei bleibt. Steigt man von den Höhen ins Tal hinab, so bemerkt man, daß, während oben die Luft ganz ruhig ist, unten im Tal ein ziemlich lebhafter Wind talabwärts weht, der die Nebelbildung behindert.

Erwähnt sei an dieser Stelle eine im Spätjahr immer wiederkehrende Wetterlage, bei der auf große Entfernungen hin Nebelbildung einzutreten pflegt. Im Westen liegt ein Luftdruckminimnm, daran nach Osten anschließend ein barometrisches Hoch. Im Bereich des Tiefs Wolkendecke mit Niederschlägen, daran nach Osten anschließend eine breite Zone mit Nebeln, weiter ostwärts heiterer Himmel. Die ganze Situation ist ruhig und konstant. Das Tief ändert kaum merklich seine Lage. Erst im Verlauf von einiger Zeit wandert es nach Nordosten. Die dann einsetzenden Westwinde machen der Nebelbildung ein Ende und bringen Regen. Die Nebelzone ist ostwärts gewandert, die ganze Wetterlage hat sich nach dieser Richtung verschoben. Im übrigen erfolgt Nebelbildung meist dann, wenn nach vorausgegangenem Regenfall ein Hochdruckgebiet rasch über unser Gebiet sich ausbreitet und erhöhte Ausstrahlung erfolgt.

Während im allgemeinen die Westwinde eine starke Bewölkung und Regen bringen, kann man bei nördlichen bis östlichen Winden von der Rheinebene aus beobachten, wie eine breite Wolkenbank nach Westen dünner werdend von dem Vorderrand der Vogesen westwärts nach dem Kamme zu über die Höhen sich ausbreitet. Es sind die Luftmassen, die an der Gebirgsmauer hochgeschoben werden, sich abkühlen bei der Aufwärtsbewegung und den Wasserdampf kondensieren.

Nebel (1895—1913).

Ort	J	F	M	A	M	J	J	A	S	O	N	D	Jahr
Weimeringen	124	101	82	46	59	54	79	106	141	165	147	114	1236
Metz	129	97	87	45	52	45	81	102	165	183	187	129	1302
Eichhoff	101	38	28	10	11	6	15	16	43	74	112	84	538
Lubeln	64	50	27	14	22	27	41	79	140	155	129	62	810
Saargemünd	54	38	48	49	44	26	34	64	106	139	87	56	745
Gondrexange	88	29	27	14	14	16	23	28	79	109	99	74	600
Herrenwald	202	135	109	72	73	77	103	99	162	211	256	241	1740
Lützelburg	49	18	46	51	129	128	132	142	152	152	88	71	1158
Rothau	84	31	12	8	12	6	8	7	32	73	109	102	485
Kleinhöhe	86	42	38	42	35	28	32	18	49	55	88	61	574
Münster	112	38	17	16	10	5	7	6	37	79	140	112	576
Alfeld	160	99	73	59	30	40	24	43	139	153	181	157	1108
Belchen	320	264	317	269	222	190	169	187	254	286	289	345	3112
Lauterburg	54	19	32	28	17	22	27	38	117	140	64	61	619
Straßburg	78	41	15	13	15	5	6	25	98	137	129	67	629
Ergersheim	86	34	27	27	33	40	60	97	165	218	170	105	1061
Rheinau	205	130	95	76	84	93	104	148	255	271	244	206	1881
Colmar	81	22	11	9	5	4	8	7	38	67	75	75	402
Mülhausen	71	41	47	21	12	11	21	38	118	139	140	69	728
Hüningen	320	270	220	240	270	210	230	250	375	400	360	320	3465

X. Niederschlag und Gewitter.

Die Tabelle der Gewitter erklärt uns einige bisher noch unbesprochene Besonderheiten der Regenkarten. Die große

Gewitterhäufigkeit von Eberbach und Lubeln zeigt uns, warum diese Gebiete auf den Regenkarten durch größere Regenmengen hervortreten. Eberbach liegt in dem dem Rande der Nordvogesen vorgelagerten Teil der Rheinebene. Das ganze Gebiet ist oft von sehr schweren Gewittern und Hagelschlag heimgesucht worden. Lubeln in Lothringen hat folgende Lage. Nach Süden und Westen ist ein kleines Gebirge von etwa 400 m Höhe vorgelegt, im Norden erstreckt sich die bereits

Gewitter (1903—1913).

Ort	J	F	M	A	M	J	J	A	S	O	N	D	Jahr
Weimeringen	2	3	9	24	69	104	80	71	28	9	1	3	403
Metz	0	3	4	29	72	118	91	81	26	9	2	2	437
Eichhoff	1	1	10	34	73	76	70	55	18	5	0	1	344
Lubeln	4	5	9	38	80	121	105	79	31	6	1	2	479
Saargemünd	2	4	8	24	59	98	80	79	22	7	3	1	387
Gondrexange	1	3	15	40	89	140	125	107	40	16	1	5	582
Eberbach	5	3	15	46	120	140	150	130	40	15	2	3	669
Herrenwald	2	3	15	37	107	134	131	109	39	12	2	1	602
Lützelburg	3	2	11	32	83	121	91	83	33	9	1	1	470
Melkerei	2	1	4	16	67	101	82	62	20	6	0	1	362
Kleinhöhe (Markirch)	2	6	9	40	97	112	111	79	34	11	3	1	505
Münster	2	4	9	27	87	135	120	86	42	8	2	5	527
Alfeld	1	5	12	44	98	145	138	103	46	13	3	5	613
Lauterburg	3	1	9	30	79	96	97	80	33	11	2	2	443
Straßburg	5	2	11	30	86	121	108	97	32	9	3	1	504
Rheinau	2	2	15	38	117	155	138	118	42	12	2	4	644
Colmar	1	1	5	23	62	89	71	60	29	5	0	1	347
Mülhausen	3	1	5	14	69	68	85	54	29	5	2	0	335
Hüningen	2	1	5	29	105	133	146	125	40	11	0	1	598

früher erwähnte große Waldfläche, außerdem befinden sich in der Nähe größere Weiher. Die Tabelle erklärt uns weiter den großen Unterschied der Regenkurven von Rheinau und Colmar einerseits, von Rheinau und Melkerei andrerseits. In unmittelbarer Nachbarschaft des Rheins ist die Wirkung der Gewitterregen am intensivsten. Die stärkste Gewitterbildung erfolgt im Juni und

Juli. Daß aber auch mitten im Winter heftige Gewitter auftreten, zeigt das Beispiel vom Hohneck, wo vor einigen Jahren zu Weihnachten die Bewohner der Vogesenhütte vom Blitz erschlagen wurden. In der kälteren Jahreszeit sind die Gewitter fast durchweg von kürzerer Dauer, oft nur ein Blitz und Donnerschlag. Im Frühjahr erfolgen die Gewitter teils an warmen Tagen, — im Mai erfolgt sehr häufig in den Abendstunden Wetterleuchten, wenn tagsüber auf der Vorderseite eines barometrischen Tiefs die Temperatur bei südlichen Winden sehr stark angestiegen ist, — teils an Tagen mit sehr veränderlichem Witterungscharakter wie im April 1915, wo drei Tage hinter einander Gewitterböen auftraten mit Hagel, Schnee und Regenschauern, Schauer, die andauernd abwechselten mit Sonnenschein. Im Sommer erfolgen die Gewitter im Bereich flacher barometrischer Tiefs bei schwülem, warmem Wetter.

XI. Niederschlag und Luftdruck.

Die graphische Aufzeichnung der zwanzigjährigen Mittel des Luftdrucks ergibt ein Maximum im Januar und ein Minimum im März. Mit diesem Minimum stimmt sehr gut überein das sekundäre Maximum der Niederschläge. Ebenso paßt zu dem sekundären Maximum des Luftdrucks das Minimum der Niederschläge in diesem Monat. Der rasche Fall des Luftdrucks vom September zum Oktober entspricht seinerseits wieder dem starken Anstieg der Niederschläge. Hingegen findet der starke Anstieg der Niederschlagskurven des Gebirges im Dezember keine Erklärung im raschen Steigen des Druckes. Betrachtet man dagegen die Kurve der Luftdruckschwankung, so stimmt damit sehr gut überein der Verlauf der Kurve der Niederschlagstage Lothringens, welch letzteres dem Einfluß der im Norden vorüberziehenden Depressionen stärker unterworfen ist als das Gebirge und das Rheintal und wegen seiner einfachen topographischen Verhältnisse leichter einen Vergleich zwischen Luftdruck und Niederschlag zuläßt. Im übrigen sind die Verhältnisse des Luftdrucks durch Luftdruckmittel und Schwankung nicht genügend dargestellt. Bei einer Kurve genügen nicht die Angabe der mittleren Amplitude und die extremen Ausschläge zu deren Charakterisierung, es muß auch der

Verlauf der Kurve auf ihren Teilstrecken, die Anzahl der Hebungen und Senkungen, sowie deren Ausschlag bekannt sein. Bei dem Verlauf der Druckkurve sind aber diese Faktoren vernachlässigt, daher die mangelhafte Beziehung zwischen Luftdruck und Niederschlag. Man müßte, um genauere Beziehungen zu finden, die Barographenkurven fortlaufend von Tag zu Tag betrachten und Vergleiche ziehen zwischen den einzelnen Monaten.

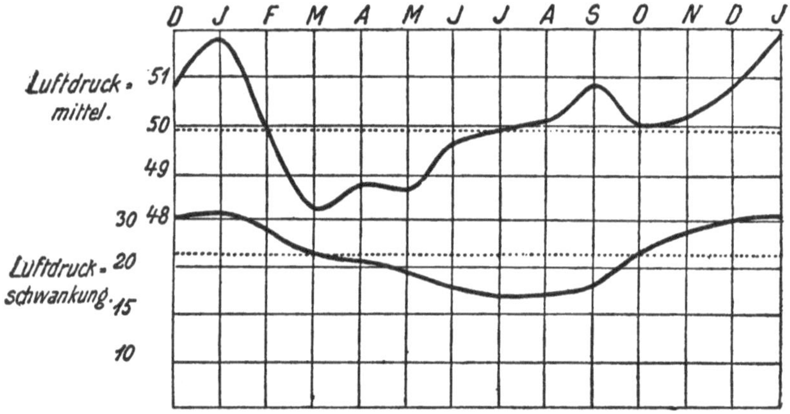

XII. Niederschlag und Wind.

Die nachstehende Tabelle zeigt zunächst den Unterschied in der Windrichtung zwischen Rheintal und Belchen. Im Rheintalgraben überwiegen die Nord- und Südwinde entsprechend der Richtung des Grabens. Auf dem Belchen dagegen überwiegen die reinen West- und Nordwestwinde. Das starke Überwiegen der Westwinde im Dezember und März stimmt sehr gut überein mit dem starken Anstieg der Niederschlagskurve in diesem Monat. Ebenso paßt das Minimum der Westwinde im April und Mai zu dem Regenminimum dieser Monate. Das Gleiche gilt für den Monat September. Im April und Mai überwiegen Winde aus N. und NE. Trägt man für jede einzelne Windrichtung die Zahlenwerte graphisch auf, so findet man, daß jedem Maximum der Winde aus West ein Maximum der Niederschlagsbildung entspricht, dem Maximum der Winde aus Nord entspricht ein Maximum der Nebelbildung auf dem Belchen, dem Maximum der Winde aus Nordost entspricht ein Minimum des Niederschlags z. B. im Mai und September. Die Beobachtungen von Straßburg zeigen ein stärkeres Hervortreten der Nordwestwinde im Sommer, eine Erscheinung, die man in ganz Mitteleuropa beobachtet und die begründet ist durch den wachsenden Luftdruck über dem Atlantischen Ozean und das russische Sommerluftdruckminimum.

(1890—1913) Straßburg (24 Jahre)

	N	NE	E	SE	S	Sw	W	NW
Januar	651	100	40	63	868	265	202	42
Februar	590	135	26	61	715	236	200	65
März	618	135	59	72	651	324	274	98
April	704	173	52	71	524	253	296	115
Mai	770	196	65	93	483	306	310	106
Juni	654	138	57	79	485	247	346	143
Juli	636	142	70	86	496	289	369	138
August	546	108	76	96	707	295	317	83
September	790	131	43	104	543	230	218	100
Oktober	639	124	54	136	718	302	182	73
November	717	127	51	88	721	262	123	61
Dezember	560	151	32	64	884	292	156	69

(1899—1913) Belchen (15 Jahre)

	N	NE	E	SE	S	Sw	W	NW
Januar	179	193	67	36	35	121	406	344
Februar	177	177	54	16	28	110	438	275
März	176	180	63	64	44	124	493	280
April	139	203	81	34	45	103	416	329
Mai	152	224	123	49	45	78	426	293
Juni	137	207	150	51	31	83	451	241
Juli	97	189	180	57	37	60	486	287
August	86	161	111	52	31	95	498	359
September	136	236	119	54	40	86	396	280
Oktober	120	152	117	61	63	117	563	195
November	172	182	76	42	31	79	436	338
Dezember	162	111	61	25	42	109	525	360

Windrichtung.

N	NE	E	SE	S	SW	W	NW	
20	17	5	3	15	35	14	2	Mülhausen
9	24	9	5	14	18	22	8	Metz
6	13	18	6	11	42	6	4	Saargemünd
5	21	16	2	3	45	12	7	Gondrexange

Windstärke.

Die nachstehende Tabelle enthält die 25 jährigen Mittel der Windgeschwindigkeit auf der Münsterspitze. Trägt man dieselbe graphisch auf, als Ordinate die Geschwindigkeit in m pro sec., als Abszisse die Tagesstunden, so erhält man 4 Kurven, die einen ganz ähnlichen Verlauf nehmen. Die oberste ist die Geschwindigkeitskurve des Winters — in dieser Jahreszeit ist die Geschwindigkeit am größten —, dann folgt die Kurve des Frühjahrs, dann die des Herbstes, zuletzt die des Sommers, wo die Geschwindigkeit am kleinsten ist. Die Kurven des Herbstes und Sommers durchschneiden sich. In den Mittagsstunden von 1—4 und Abendstunden von 8—11 ist im langjährigen Durchschnitt und als Folge der Gewitterstürme die Windgeschwindigkeit im Sommer etwas größer als im Herbst. Über den Verlauf der Windgeschwindigkeit auf der Münsterspitze, dem Wasserturm und am Illtor, also in 3 verschiedenen Niveaus in den verschiedenen Jahreszeiten, auf die in dem Lehrbuch der Meteorologie von Hann bereits hingewiesen ist, wird demnächst eine neue Berechnung der Mittelwerte erfolgen. Die nebenstehende Tabelle enthält einen Teil des Resultats dieser Berechnung.

XIII. Niederschlag und Temperatur.

Die drei in Betracht gezogenen Gebiete, Rheinebene, Lothringer Hochebene und Gebirge, die bezüglich der Niederschläge nicht unerheblich von einander abweichen, zeigen auch

Windstärke Münsterspitze (25jähr. Mittel)

	1	2	3	4	5	6	7	8	9	10	11	Mittag 12	1	2	3	4	5	6	7	8	9	10	11	12	
Herbst	5,83	5,89	5,98	5,99	6,10	6,05	5,91	5,69	5,44	5,20	5,03	4,94	4,95	5,02	5,14	5,27	5,42	5,58	5,67	5,75	5,80	5,80	5,80	5,79	m/sec.
Winter	7,02	7,02	7,01	7,01	7,04	7,06	7,07	7,03	6,92	6,73	6,51	6,30	6,15	6,11	6,17	6,30	6,45	6,62	6,74	6,83	6,89	6,94	6,97	7,00	„
Sommer	5,68	5,68	5,73	5,75	5,68	5,46	5,12	4,75	4,47	4,37	4,47	4,71	4,99	5,20	5,32	5,35	5,39	5,47	5,61	5,77	5,89	5,92	5,86	5,76	„
Frühling	6,59	6,58	6,62	6,66	6,63	6,49	6,25	5,95	5,67	5,51	5,49	5,60	5,77	5,95	6,09	6,18	6,24	6,33	6,44	6,56	6,66	6,70	6,68	6,63	„

Aus den Beobachtungswerten nach der harmonischen Analyse:

$$W = a_0 + a_1 \cdot \sin(A_1 + x) + a_2 \cdot \sin(A_2 + 2x) + a_3 \cdot \sin(A_3 + 3x)$$

von mir berechnet.

Windstärke auf dem Belchen. — 10jähr. Mittel, Beaufort-Skala.

	7h	2h	9h		7h	2h	9h		7h	2h	9h
Januar	4,4	4,2	4,3	Mai	3,2	3,1	3,4	September	3,1	2,8	3,2
Februar	4,3	4,2	4,3	Juni	3,1	3,0	3,3	Oktober	3,8	3,5	4,0
März	4,0	3,8	4,1	Juli	2,8	2,7	3,0	November	3,9	3,7	4,0
April	3,7	3,5	3,9	August	3,4	3,1	3,6	Dezember	4,3	4,2	4,3

in bezug auf die Temperaturverhältnisse beachtenswerte Unterschiede:

20 Jahre		Mülhausen	Colmar	Straßburg	Metz	Saargemünd	Gondrexange	Münster	Belchen
Höhenlage		240	190	140	170	200	270	390	1390
Jahresmittel		9,9	10,6	9,7	9,4	9,4	8,9	8,6	3,3
Maximummittel		32,2	33,8	32,0	32,5	32,6	31,0	31,6	23,8
Minimummittel		— 13,4	— 13,3	— 13,5	— 12,5	— 13,3	— 14,6	— 14,1	— 18,0
Extreme	1912	— 17,2	— 17,4	— 18,9	— 15,5	— 17,2	— 20,0	— 16,2	— 16,3
	1911	34,0	36,0	34,7	34,7	35,6	33,5	33,5	26,0

Die Jahresmittel der drei Rheintalstationen liegen höher als die der drei folgenden Lothringerstationen und diese wieder höher als die Werte der beiden Gebirgsstationen. Je nach der besonderen Lage der Orte ergeben sich nun innerhalb der einzelnen Gebiete weitere beträchtliche Unterschiede. So nehmen Colmar innerhalb des Rheintals und Metz, das im Moseltal gelegen ist, innerhalb Lothringens eine Sonderstellung ein. Das im Saartal gelegene Saargemüud weist zwar das gleiche Temperaturmittel auf wie Metz, sein Klima ist aber viel extremer. Das Maximummittel von Metz liegt etwas höher wie das von Straßburg. Der sandige Boden in der nächsten Umgebung von Metz, der sich sehr leicht erhitzt, ferner die bedeutend geringere Anzahl der Gewitter und Gewitterregen, die nach Süden gut exponierte Lage der nördlichen Moselhöhenzüge, deren Schirmwirkung gegen Nordwinde mögen diesen Temperaturüberschuß verursachen. Die sommerliche Hitze ist trotzdem in Metz leichter als in Straßburg zu ertragen, weil die Luftbewegung nie aussetzt, die Verdunstung infolge des ständigen Luftwechsels gefördert wird, eine so niederdrückende, gewitterschwüle Hitze wie in Straßburg daher selten auftritt. Ein Nachteil von Metz hingegen ist der große Gehalt der Luft an Staub. Der feine Sand bzw. Kalkstaub wird durch den Wind zu leicht aufgewirbelt, die Luft durch das Fehlen der häufigen Gewitterregen nicht genügend gereinigt. Vergleichen wir ferner Gondrexange, den eigentlichen Vertreter der freigelegenen, windigen Lothringer Hochebene mit der Vogesentalstation Münster, einer Station, die in breitem Talkessel gelegen rings von hohen Gebirgswänden umgeben ist, so ergeben sich interessante Unterschiede.

Gondrexange Winter 1912 . . — 20°
Münster „ „ . . — 16,2°

Starke Ausstrahlung und kalter Nordwind auf der freigelegenen Hochebene bewirkt tiefere Temperaturen als in dem gegen nördliche Winde geschützten Tal, dessen Jahresmittel tiefer liegt als das von Gondrexange, entsprechend der größeren Höhenlage.

Maximummittel von Münster . . . 31,6
„ „ Gondrexange 31,0

Die nach Süden gut exponierte Lage der breiten Talwände, die große Fläche der von der Sonnenstrahlung betroffenen Talgehänge, sowie die lange Dauer dieser Strahlung bewirken diesen Temperaturüberschuß des an sich kälteren Tals gegenüber der freien Hochebene.

Im Winter 1912 betrugen die Extreme in der
Rheinebene . . — 18,9, auf dem
Belchen . — 16,3
2,6

Ein interessantes Beispiel von Temperaturumkehr. Viel interessanter ist aber noch das folgende:

20jährige Temperaturmittel (1891—1910)

	J	F	M	A	M	J	J	A	S	O	N	D
Straßburg Münsterplattform	+ 0,1	+ 2,0	+ 5,9	9,8	13,9	17,5	19,4	18,6	15,1	9,8	4,8	1,34
Universität	+0,04	+ 1,9	+ 5,7	9,7	13,8	17,3	18,9	18,1	14,6	9,5	4,7	1,30
Gondrexange	— 0,1	1,15	4,5	8,4	12,5	16,1	17,8	17,0	13,7	8,9	4,4	1,07
Münster	— 0,3	1,08	4,4	8,0	12,2	15,9	17,8	16,7	13,3	8,6	4,0	0,8
Belchen	— 4,0	— 3,7	— 1,9	+ 1,5	5,7	9,2	11,5	11,0	8,4	4,0	+ 0,7	— 2,5

Während mit der Höhe im allgemeinen die Temperatur abnimmt, wie aus den Zahlen der 4 Stationen hervorgeht, liegen für jeden Monat die Temperaturmittel der um 60 m höher gelegenen Plattform des Münsters höher als die der Universität.

Stärkere Ausstrahlung des Bodens, sowie der raschere Temperaturwechsel der höheren Luftschichten bei Witterungswechsel sind die Ursache dieser Erscheinung. Sie tritt nur auf beim Übergang vom festen Erdboden in die freie Atmosphäre und in dieser selbst. Beim Übergang von tieferen zu höheren Stationen an der Erdoberfläche selbst treten im mehrjährigen Mittel solche Fälle von Temperaturumkehr nicht auf. Hier nimmt die Temperatur mit der Höhe ausnahmslos ab.

Temperaturmittel (20 Jahre 1891—1910)

	J	F	M	A	M	J	J	A	S	O	N	D
Plattform des Münsters	+ 0,1	+ 2,0	+ 5,9	9,8	13,9	17,5	19,4	18,6	15,1	9,8	4,8	1,34
Universität zu Straßburg	+ 0,04	+ 1,9	+ 5,7	9,7	13,8	17,3	18,9	18,1	14,6	9,5	4,7	1,30
Gondrexange	— 0,1	+1,15	4,5	8,4	12,5	16,1	17,8	17,0	13,7	8,9	4,4	1,07
Belchen	— 4,0	— 3,7	— 1,9	+ 1,5	5,7	9,2	11,5	11,0	8,4	4,0	0,7	— 2,5
Münster	— 0,3	+1,08	4,4	8,0	12,2	15,9	17,8	16,7	13,3	8,6	4,0	+ 0,8

Differenz zwischen den 10jährigen Mitteln der Temperatur von Plattform und Universität. Niveauunterschied 160 m.

	J	F	M	A	M	J	J	A	S	O	N	D
2ha	+0,50	+0,45	+1,69	+0,52	+1,10	+0,58	+0,23	+1,67	+0,20	+0,72	+0,22	+0,38
2hp	−1,03	−1,44	−1,71	−2,19	−2,25	−2,30	−1,98	−1,61	−1,34	−1,40	−1,50	−0,78

Mit abnehmender Temperatur nehmen die Niederschläge zu. Das gilt sowohl für den Übergang der niederen Breiten zu höheren, vom Äquator polwärts, wie vom Übergang aus der Ebene in die höher gelegenen Regionen der Gebirge und dem Übergang aus der wärmeren in die kalte Jahreszeit. Je mehr das Gebirge ansteigt, um so größer werden die Niederschlagsmengen. Bei einer gewissen Grenze nehmen dann aber die Niederschläge infolge des geringen Wasserdampfgehaltes der

Luft wieder ab. Genau so nehmen, wie die Stationsbeobachtungen der Vogesen zeigen, mit Eintritt der kalten Jahreszeit die Niederschläge zu. Maximum im Dezember. Beim Eintritt der strengsten Kälte aber, wenn Hochdruckzentren über dem Festland sich entwickeln, nehmen die Niederschläge wieder ab, erst mit Beginn des Frühlings nehmen sie wieder zu, Maximum im März.

Was die Gesamtlage unseres Gebietes im Vergleich zu der weiteren Umgebung betrifft, so ergibt sich aus dem Vergleich der Stationen Brest, Paris und Straßburg, daß das Klima

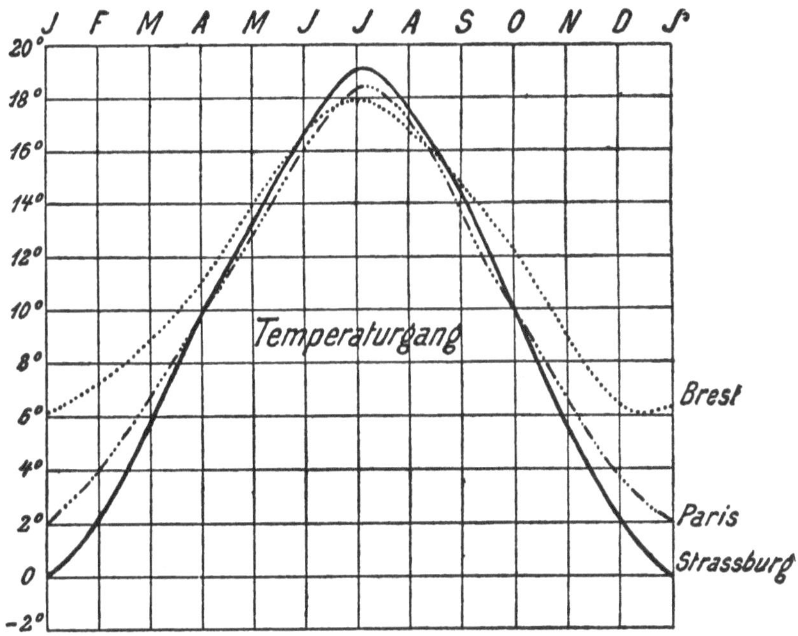

des letzteren bereits einen Übergang vom ozeanischen zum kontinentalen Klima darstellt. Unser Landesklima ist charakterisiert durch rauhe, lange, naßkalte Winter, heiße, schwüle, gewitterreiche Sommer. Die Zwischenzeiten sind kurz und ausgezeichnet durch plötzliche Kälterückfälle, die im Frühling der Vegetation recht schädlich werden. Die Lothringer Hochebene ist besonders rauh und windig.

XIV. Niederschlag und Vegetation.

Der Regen ist einer der wichtigsten Faktoren für die Entwickelung des Lebens auf der Erdoberfläche. Er ist unentbehrlich für Vegetation, tierisches und menschliches Leben. Die Gebiete der Erdoberfläche, welche große Regenmengen empfangen, sind bedeckt mit einer sehr üppigen Vegetation, wenn gleichzeitig zu den großen Regenmengen eine entsprechend hohe Temperatur hinzukommt (tropische Urwälder). Fehlt dagegen bei großen Niederschlagsmengen die entsprechend hohe Temperatur, so daß die Verdunstung behindert ist, kommt zu dem Verdunstungsmangel außerdem schlechter Abfluß, dann findet man in den betreffenden Gegenden wie z. B. im Innern Irlands zahlreiche Sümpfe und Seen, regenarme Gebiete werden zu Wüsten. Von viel größerer Bedeutung wie die Niederschlagshöhen ist die Frequenz der Niederschläge und ihre Verteilung auf die Jahreszeiten. In den Tropen folgen die Niederschläge dem Zenithstand der Sonne, im Mittelmeer erfolgen die Niederschläge im Winter, in den Sommermonaten fehlt der Regen besonders im Süden häufig vollständig. Ein Gebiet mit einer jährlichen Niederschlagshöhe von etwa 70 cm kann daher sehr trocken sein, wenn, wie im Mittelmeergebiet, die Niederschläge in heftigen dichten, gewitterartigen Regengüssen erfolgen innerhalb kurzer Zeit und in einer bestimmten Jahreszeit, wenn der Regen so intensiv auftritt, daß das Wasser nicht Zeit findet, in den Boden einzudringen, um ihn zu durchnässen, oberflächlich abfließt und ein starkes Anschwellen der Flüsse verursacht, die in der Zwischenzeit vertrocknen. Ein Gebiet mit derselben Regenhöhe von 70 cm, aber weiter polwärts, in unseren Breiten gelegen, in dem die Niederschläge auf das ganze Jahr sich verteilen und nur im Sommer gelegentlich gewitterartig — sodaß auf Regenfall wie in den Tropen und im Mittelmeergebiet bald wieder Sonnenschein folgt — in der übrigen Zeit meist landregenartig auftreten, in leichterer, weniger dichter Form, sodaß das Wasser in den Boden einzudringen vermag und der geringeren Temperatur wegen weniger rasch verdunstet, ein solches Gebiet wird zwar nicht die üppige Vegetation der südlichen Breiten aufweisen, hingegen infolge der über das ganze Jahr sich erstreckenden gleichmäßigen Befeuchtung den Anbau der Hauptkulturpflanzen ermöglichen, die weiter im Süden bei der großen Sommerdürre nicht gedeihen können. Die im Sommer bei uns auftretenden Gewitter und Schlagregen, die oft mit Hagelschlag verbunden sind, erreichen zwar zeit- und strichweise eine solche Intensität, daß sie gelegentlich großen Schaden anrichten und die Ernte vernichten, aber ihre Wirkung verteilt sich doch meist auf immer andere Landstriche, sodaß eine dauernde Gefährdung des Anbaus ausgeschlossen ist. Langandauernde Regenperioden sind eine alljährlich wiederkehrende Erscheinung. Die Bäche schwellen dann rasch an, treten über die Ufer, der Boden ist mit Feuchtigkeit gesättigt, vom Gebirge aus überblickt man über dem Ried und den Wiesen in der Ebene ausgedehnte Wasserflächen, die im Winter häufig zu Eis erstarren; solche Überschwemmungen erfolgen meist in der kälteren Jahreszeit, im Sommer ist der Boden so trocken, daß er auch bei länger anhaltendem Regenwetter die Wassermassen aufzusaugen vermag. Im Gegensatz zu den Tropen und den nördlichen Zonen treten in unseren Gebieten die Niederschläge in allen möglichen Formen auf: Gewitter und Schlagregen, Gewitterregen, die leicht in Landregen übergehen, Landregen, bei denen wieder unterschieden werden muß zwischen den dichten, sehr ergiebigen, anhaltenden Regengüssen, die besonders dann auftreten, wenn barometrische Tiefs in rascher Aufeinanderfolge vorüberziehen und bei starkem Luftdruckgefälle lebhafte westliche Winde immer aufs neue wieder feuchte Luftmassen vom Ozean herführen, welche das Gebirge in schwere Wolkenmassen einhüllen — und den leichteren, zeitweiligen Landregen, wie sie in jeder Jahreszeit, besonders im Spät- und Frühjahr nicht selten sind. Während im ersten Fall fortdauernd trübes, unbeständiges Wetter herrscht — Schlechtwetterperioden — herrscht im letzten Fall entweder tagsüber schönes, heiteres Wetter, — gegen Abend erst erfolgt Wolkenbildung mit leichtem Regenfall, am darauffolgenden Tag kann es dann wieder schön und warm sein — oder es herrscht stark bedeckter Himmel mit nur leichtem, zeitweiligem Regenfall. Eine weitere Form der Niederschläge ist das Nebelrieseln, wie es besonders im Gebirge, aber auch in der Ebene nicht selten auftritt, dann der Schneefall im Winter, Regen mit Schnee durchmischt oder Regenschauer mit Graupeln durchmengt im Frühjahr, die letzteren oft im Verein mit Gewitterböen auftretend.

XV. Schnee.

I. Anzahl der Tage mit Schneefall (1903—1913).

Ort	Juli	Aug.	Sept.	Okt.	Nov.	Dez.	Jan.	Febr.	März	April	Mai	Juni
Belchen	1	1	22	52	132	143	150	160	172	127	52	8
Melkerei	—	—	2	25	93	90	112	129	106	77	23	—
Münster	—	—	—	4	41	41	85	89	69	32	4	—
Colmar	—	—	—	3	22	21	53	59	43	13	1	—
Straßburg	—	—	—	1	32	33	66	65	49	17	2	—
Metz	—	—	—	—	30	39	74	73	60	19	—	—

II. Größte Zahl der Schneetage innerhalb der 10 Jahre.

Ort	Juli	Aug.	Sept.	Okt.	Nov.	Dez.	Jan.	Febr.	März	April	Mai	Juni
Belchen	1	1	6	11	22	21	20	26	24	20	9	3
Melkerei	—	—	1	13	15	17	15	24	16	14	8	—
Münster	—	—	—	2	9	13	13	13	15	7	2	—
Colmar	—	—	—	2	7	4	8	11	9	5	1	—
Straßburg	—	—	—	1	9	12	13	13	10	4	2	—
Metz	—	—	—	—	6	14	12	12	13	5	—	—

III. Kleinste Zahl der Schneetage innerhalb der 10 Jahre.

Ort	Juli	Aug.	Sept.	Okt.	Nov.	Dez.	Jan.	Febr.	März	April	Mai	Juni
Belchen	1	1	1	2	5	6	7	9	9	3	2	1
Melkerei	—	0	1	1	4	4	5	6	4	3	1	—
Münster	—	—	—	1	1	1	4	2	2	1	1	—
Colmar	—	—	—	1	1	1	1	4	1	1	1	—
Straßburg	—	—	—	1	1	1	3	3	1	1	2	—
Metz	—	—	—	—	1	1	2	3	1	1	—	—

IV. Anzahl der Tage mit Schneedecke (1903—1913).

Ort	Sept.	Okt.	Nov.	Dez.	Jan.	Febr.	März	April	Mai	Juni
Belchen	2	34	151	255	293	283	294	267	164	3
Melkerei	—	14	130	181	257	257	249	109	12	—
Münster	—	3	18	45	90	80	44	5	—	—
Colmar	—	—	—	4	1	1	2	—	—	—
Straßburg	—	1	13	17	81	37	14	1	—	—
Metz	—	—	12	30	68	46	23	2	—	—

Ort	Sept.	Okt.	Nov.	Dez.	Jan.	Febr.	März	April	Mai	Juni
V. Größte Zahl der Tage mit Schneedecke.										
Belchen	1	13	29	31	31	28	31	30	31	1
Melkerei	—	10	27	29	31	28	31	25	4	—
Münster	—	2	6	22	17	23	16	2	—	—
Colmar	—	—	—	4	1	1	1	—	—	—
Straßburg	—	1	4	4	17	15	5	1	—	—
Metz	—	—	5	16	15	12	9	1	—	—
VI. Kleinste Zahl der Tage mit Schneedecke.										
Belchen	—	1	4	5	22	28	15	12	1	—
Melkerei	—	—	2	4	16	8	5	2	—	—
Münster	—	—	—	—	1	—	—	—	—	—
Colmar	—	—	—	—	—	—	—	—	—	—
Straßburg	—	—	—	—	1	—	—	—	—	—
Metz	—	—	—	—	1	—	—	—	—	—
VII. Durchschnittshöhe der Schneedecke in cm.										
Belchen	0,4	6	21	40	82	115	134	76	37	5
Melkerei	—	2	13	20	33	48	41	16	2	—
Münster	—	0,7	2	2	5	4	3	2	—	—
Colmar	—	—	—	0,6	1	1	1	—	—	—
Straßburg	—	0,2	0,6	2	3	2	1	—	—	—
Metz	—	—	1	2	3	2	2	—	—	—
VIII. Maximalhöhe innerhalb 1903—1913.										
Belchen	3	25	80	200	320	350	350	320	240	35
Melkerei	—	15	51	68	123	143	124	69	8	—
Münster	—	5	14	16	28	25	22	10	—	—
Colmar	—	—	—	13	12	15	9	—	—	—
Straßburg	—	—	6	11	13	15	14	—	—	—
Metz	—	—	10	20	17	8	17	2	—	—
IX. Minimalhöhe innerhalb 1903—1913.										
Belchen	—	—	0	1	3	10	1	1	0	—
Melkerei	—	—	1	1	2	1	1	1	0	—
Münster	—	—	—	—	—	—	—	—	—	—
Colmar	—	—	—	—	—	—	—	—	—	—
Straßburg	—	—	—	—	—	—	—	—	—	—
Metz	—	—	—	—	—	—	—	—	—	—

X. Anfang und Ende des Schneefalls.

	Anfang	Ende
Belchen	31. August 1910 4. Oktober 1908	11. Mai 1904 27. Juni 1911
Melkerei	12. September 1909 24. Oktober 1910	8. April 1911 24. Mai 1908
Münster	19. Oktober 1906 26. Dezemher 1908	11. März 1904 2. Mai 1909
Colmar	19. Oktober 1905 31. Januar 1912	23. März 1906 2. Mai 1910
Straßburg	24. Oktober 1908 27. Dezember 1907	11. März 1904 2. Mai 1909
Metz	2. November 1910 26. Dezember 1908	11. März 1904 25. April 1907

XI. Gesamtzahl der Tage mit Schneefall pro Jahr.

1. Lothringen:

Obersierk	23
Weimeringen	18
Novéant	24
Lubeln	22
Mittersheim	21
Lagarde	14?
Metz	21
Saargemünd	26
Neumatt	22
Eichhoff	25
Gondrexange	29

2. Rheintal:

Lauterburg	17
Eberbach	24
Ergersheim	18
Straßburg	18
Rheinau	19
Breisach	16
Colmar	17
St. Gilgen	22
Mülhausen	20
Salzlecke	12
Hüningen	23

3. Sundgau u. Jura:

Wolfersdorf	23
Wolschweiler	30
St. Peter	35

4. Nordvogesen:

Erlenmus	20
Herrenwald	31
Lützelburg	26
Wolfenhütte	26
Weissenberg	26
Rothau	27
Karlstal	40
Hirschkopf	52
Melkerei	64

5. Südvogesen:

Belchen	100
Lauchensee	72
Alfeld	54
Seven	38
Mittlach	33
Münster	28
Odern	32
Wildenstein	46
Baumschule	30
Kleinhöhe	36

Was speziell die Schneeverhältnisse (im Rahmen des Themas) betrifft, so interessiert die Frage, wie groß die Anzahl der Schneetage, d. i. die Zahl der Tage ist, an denen Schnee fällt, wie groß die Zahl der Tage mit zusammenhängender Schneedecke, wie groß die Höhe der Schneedecke ist, wann der erste und wann der letzte Schneefall eintritt. Eine weitere Frage ist die, ob das Maximum des Schneefalls auch mit dem Maximum der Niederschlagshöhe des Gebirges, das bekanntlich im Dezember eintritt, zusammenfällt und wie das Trockengebiet von Colmar und Metz sich verhält inbezug auf den Schneefall. Zur Beantwortung dieser Fragen wurden die Schneeverhältnisse von drei Gebirgsstationen: Belchen 1400 m hoch, Melkerei-Hochfeld 1000 m, Münster 400 m, dann die von Colmar und Straßburg in der Rheinebene, von Metz in Lothringen untersucht. Das Resultat ist in den beigefügten Tabellen niedergelegt. Wir ersehen daraus folgendes:

1. Mit zunehmender Höhe nimmt der Schneefell zu. Auf dem Belchen kommt auch im Juli und August mitunter Schneefall vor. Auf dem Hochfeld 400 m tiefer wurde in der Zeit 1903—1913 kein Schneefall in den Sommermonaten vermerkt.

2. Das Maximum des Schneefalls fällt bei der Station Belchen auf den März — Frühjahrsmaximum der Niederschlagshöhe, Kälterückfälle in dieser Zeit häufig! — bei Melkerei und Münster auf den Februar, bei Straßburg und Metz auf den Januar.

3. Während Metz in Lothringen im Verlauf der 10 Jahre 1903—1912 in den Monaten Oktober und Mai keinen Schneefall notiert, ist in Straßburg im Oktober einmal, im Mai zweimal Schneefall erfolgt, ähnlich in Colmar. — Einfluß des Mittelmeertiefs!

4. Die Zahl der Tage mit Schneefall schwankte in Straßburg in den Wintermonaten zwischen 13 und 3, auf dem Belchen zwischen 26 und 9 im Februar.

5. Wintermonate mit nur einmaligem Schneefall, sind in der Rheinebene keine Seltenheit. Im Februar kommen allerdings in der Regel mindestens 3 Schneetage vor.

6. Tage mit Schneedecke wurden im Verlauf der 10 Jahre im Mai und Oktober im nördlichen Lothringen nicht vermerkt, hingegen einmal im Oktober in Straßburg, in Colmar aber nicht. Hier ist eine ununterbrochene Schneedecke selten und nur in der Zeit von Dezember bis März zu finden. Der gefallene Schnee schmilzt meist rasch.

7. Auf dem Belchen kommt sowohl im September wie im Juni mitunter eine Schneedecke vor, dagegen nicht im Juli und August.

8. Das Durchschnittsmaß der Schneedecke beträgt auf dem Belchen 1,34 m im März, 0,5 m auf dem Hochfeld im Februar, 3 cm zu Straßburg im Januar, wo die Schneedecke ihr Maximum erreicht.

9. Das Maximum der Schneedeckenhöhe betrug auf dem Belchen $3^1/_2$ m, auf dem Hochfeld $1^1/_2$ m, Straßburg 15 cm, Metz 20 cm.

10. Die Höhe der Schneedecke geht auf dem Belchen im Winter mitunter herab bis auf 1 cm im März, 10 cm im Februar, ist also sehr variabel in dieser Zeit.

11. Im Verlauf der Periode 1903—1912 ist der erste Schneefall auf dem Belchen erfolgt in der Zeit vom 31. August bis 4. Oktober, der letzte in der Zeit vom 11. Mai bis 27. Juni. Die Jahrgänge, in denen in den Sommermonaten Juli und August leichter Schneefall erfolgte, sind hierbei unberücksichtigt. In Straßburg ist frühestens am 24. Oktober und spätestens am 2. Mai Schneefall erfolgt.

12. Das Trockengebiet von Colmar zeichnet sich aus durch geringeren Schneefall und eine im Vergleich zu der Anzahl Schneetage sehr geringe Schneedecke. Der Schnee fällt also verhältnismäßig selten und dann recht spärlich, auf den Unterschied zwischen Metz und Straßburg ist bereits hingewiesen.

13. Während auf den Höhen des Gebirges schon mit Ende des Sommers des öfteren stärkerer Schneefall erfolgt, tritt in der Ebene in der Regel erst viel später, meist in der letzten Hälfte des November Schneefall ein. Eine Zwischenstellung nehmen die tieferen Lagen des Gebirges ein, die im Spät- und Frühjahr häufig vorübergehend mit Schnee bedeckt sind, während die Vorhügelzone und die Ebene schneefrei bleiben oder die leichten Schneeflocken, die dem Regen beigemengt sind, sogleich wieder schmelzen.

14. Die Berechnung der Gesamtzahl der Tage mit Schneefall pro Jahr zeigt, daß mit der Entfernung vom Gebirge in der Richtung nach dem Rhein der Schneefall abnimmt. Salzlecke nimmt wieder eine ganz frappante Sonderstellung ein. In Lothringen fällt im allgemeinen häufiger Schnee wie im Rheintal. Die Schneestürme bei Rückseitenwetter treten in Lothringen intensiver auf. Es ist dem Einfluß der nördlichen

Depressionen in jeder Hinsicht stärker unterworfen wie das durch das Gebirge geschütze Rheintal. Mit der Höhe nimmt der Schneefall zu. Belchen steht mit 100 Tagen an der Spitze.

XVI. Hagel.

Addiert man für alle Stationen des Landes die Anzahl der Tage mit Hagel, beispielsweise für einen Zeitraum von 10 Jahren und trägt man die Summen in das Kartenbild ein, so findet man folgende Verteilung des Hagels:

Maximum.

1. Lothringer Seengebiet, Gondrexange, Mittersheim.
2. Gegend von Saargemünd und Kreuzwald im Norden von St. Avold-Lubeln.
3. Die Gegend zwischen Mosel und Seille bei Metz hat mehr Hagel wie Novéant weiter moselaufwärts.
4. Der Ausgang der Vogesentäler hat mehr Hagel als die weiter oberhalb gelegene Talstrecke, z. B. Weißenberg vergl. mit Rothau im Breuschtal.
5. Die Höhen der Südvogesen, Lauchensee, Belchen.
6. Oberlauf von Saar, Zorn und Mossig, besonders beim Austritt aus dem Gebirge.
7. Gebiet zwischen Ill und Rhein (unterhalb Straßburg bis oberhalb Breisach).

Minima:

1. Lauterburg und Hüningen.
2. Zone Ergersheim—Colmar—Salzlecke.
3. Einzelne Punkte in den oberen Vogesentälern, z. B. Seven und Mittlach.

Der meiste Hagel fällt im Frühjahr in der Periode der häufigen Kälterückfälle, besonders im Mai. Die größten Dimensionen erreichen aber die Hagelkörner in den Hauptgewittermonaten, im Juni und Juli.

Mit welcher Heftigkeit mitunter der Hagel auftritt, möge folgendes Beispiel zeigen: Der Orkan vom Juni 1897, der das Gebiet der südlichen Zinsel verwüstete. Die Gewitterböe kam aus der Richtung Gondrexange-Mittersheim, zog über das Gebirge, dann am Rand der Vogesen entlang nach der Pfalz. Am meisten heimgesucht waren die prächtigen Waldungen bei Potaschplatz und Hüneburg. Die stärksten Bäume wurden entwurzelt. Der Hagel erreichte die Größe von Nüssen. Wie Schnellfeuer schossen die Hagelkörner hernieder, zertrümmerten die Dächer der Forsthäuser und umliegenden Ortschaften. Der ganze Himmel glich ununterbrochen einem großen Feuermeer. Nach Vorübergang des Orkans glich die ganze Gegend einer Winterlandschaft, kein grüner Halm mehr war vorhanden, die Getreidefelder verwüstet, große Flächen des Waldes entwurzelt, Weiher aufgerissen, ein wahrer Leichengeruch breitete sich am nächsten Tag über das verwüstete Gebiet aus. Noch heute findet man Spuren jenes Unwetters. Ein schmaler Strich des Waldes bei Forsthaus Potaschplatz weist lauter Bäume auf, deren Rinde völlig zerhackt ist von den Hagelkörnern.

I. Häufigkeit des Hagels. Zeitraum 10 Jahre.

Lothringen:		Breisach	23	Wolfenhütte	36
Obersierck	24	Colmar	9	Lützelburg	45
Weimeringen	25	Rheinau	20	Hirschkopf	20
Metz	26	Straßburg	35	Rothau	28
Novéant	15	Eberbach	13	Weissenberg	50
Lubeln	20	Ergersheim	9	Baumschule	18
Saargemünd	53	Lauterburg	10	**Südvogesen:**	
Kreuzwald	45			Lauchensee	88
Mittersheim	35	**Sundgau:**		Belchen	59
Gondrexange	68	Mülhausen	17	Alfeld	23
Karlstal	46	Wolfersdorf	23	Seven	8
Eichhoff	32	Wolschweiler	14	Wildenstein	21
Neumatt	18	St. Peter	40	Odern	40
Rheintal:		**Nordvogesen:**		Münster	30
Hüningen	7	Erlenmus	24	St. Gilgen	12
Salzecke	12	Herrenwald	15	Kleinhöhe	22

Ein Beispiel aus dem Jahre 1914, das sich durch besonders heftige Gewitter im Monat Juni auszeichnet, ist das schwere Unwetter bei Beningen in Lothringen. Auch hier verwüstete der Hagel die Felder. Er lag stellenweise $^1/_2$ Meter hoch und erreichte die Größe von Taubeneiern. Das ganze Tal war überschwemmt, das Wasser stand 1 Meter hoch. Der Eisenbahnverkehr mußte eingestellt werden, die umliegenden Gärten glichen Teichen, aus denen nur die Bohnenstangen noch herausragten. Auch das Mossigtal wurde in demselben Monat von einem schweren Wolkenbruch und Hagelschlag heimgesucht.

II. Verteilung des Hagels auf die Jahreszeit.

(1895—1913)

Ort	J	F	M	A	M	J	J	A	S	O	N	D
Weimeringen	1	3	12	2	7	4	2	1	0	1	0	2
Metz	1	4	5	13	15	9	2	2	0	1	2	2
Saargemünd	5	5	17	12	18	6	3	5	1	4	1	4
Lubeln	4	1	8	13	7	3	4	2	1	0	1	1
Gondrexange	3	6	19	23	27	10	6	6	5	8	6	6
Eichhoff	2	0	7	7	17	2	0	3	0	0	0	2
	16	19	68	70	91	34	17	19	7	14	10	17
Herrenwald	1	1	0	2	8	8	4	5	1	0	2	0
Lützelburg	4	9	11	14	23	8	6	2	1	2	4	5
Kleinhöhe	2	1	3	8	6	2	4	3	1	4	3	0
Alfeld	1	1	4	9	15	15	12	8	2	3	0	0
Lauchensee	7	5	21	22	28	22	14	4	3	1	3	8
	15	17	39	55	80	55	40	22	8	10	12	13
Mülhausen	2	1	2	2	8	2	5	2	4	1	0	2
Rheinau	0	1	0	2	6	9	4	5	1	0	0	0
Ergersheim	0	3	0	1	4	3	4	0	1	0	0	0
Straßburg	0	5	12	7	12	5	4	4	4	1	2	2
Lauterburg	0	0	1	1	9	5	1	0	0	0	2	0
	2	10	15	13	39	24	18	11	10	2	4	4

III. Graupeln (15 Jahre).

Ort	J	F	M	A	M	J	J	A	S	O	N	D
Lauchensee	37	29	57	33	21	—	—	—	2	19	23	31
Lützelburg	40	29	40	31	3	—	—	—	—	4	6	20
Straßburg	11	12	19	5	8	1	—	—	—	—	—	4

XVII. Niederschlag und Witterung.

Während bis jetzt die Niederschläge unseres Landes unabhängig für sich behandelt worden sind, sollen sie nunmehr noch weiterhin im Rahmen der allgemeinen Witterung untersucht werden. Wenn auch kein Monat des Jahres einen ganz bestimmten, für ihn charakteristischen Witterungstypus darstellt, es kehren schließlich doch meist dieselben Witterungsverhältnisse wieder, nur sind sie in den einzelnen Jahrgängen zeitlich verschoben und graduell von einander verschieden. Für den fern von unserer Heimat Lebenden wird es daher schon von Interesse sein, durch Schilderung der Witterung irgend eines beliebigen Jahrgangs sich über die klimatischen Verhältnisse unseres Landes zu orientieren. Angaben über die einzelnen meteorologischen Elemente genügen nicht, um ein Bild zu vermitteln von dem Wetter, das durchschnittlich in irgend einem Gebiet der Erdoberfläche vorherrscht. Ich möchte daher versuchen, auf Grund täglicher Aufzeichnungen, die ich als Assistent der meteorologischen Landesanstalt angestellt habe, die Witterung einer fortlaufenden Reihe von Monaten zu schildern:

August 1913.

In den ersten Tagen des Monats hatten wir unter Hochdruckeinfluß fortdauernd schönes Sommerwetter bei lebhaften nordöstlichen Winden. Das Thermometer erreichte am 4. im Schatten 28°. In der Nacht zum 5. fanden verbreitete Gewitter statt, die mit starkem Regenfall verbunden waren. Auch an den beiden folgenden Tagen kam es wiederholt zu Gewitterbildung, besonders in den Abend- und Nachtstunden, während tagsüber ziemlich heiteres, trockenes Wetter herrschte, allerdings bei meist bedecktem Himmel. Es war dichter Hochnebel, der in einzelnen Gegenden bis spät in die Mittagstunden sich erhielt und nur zeitweise die Sonne zum Vorschein kommen ließ. Infolge dieser stark gehemmten Sonnenstrahlung blieb die Tagestemperatur einige Grade unter dem Normalwert zurück. An den beiden folgenden Tagen hatten wir dann wieder besseres Wetter, zwar immer noch mäßig warm, aber schöne, klare Luft und Sonnenschein. In den Abendstunden des 8. August hatten wir einen prächtig bewölkten Himmel, Schäfchenwolken von seltener Schönheit. Sie verkündeten das Herannahen eines barometrischen Tiefs, welches uns denn auch bald Regen brachte. Das Wetter blieb in den nächsten Tagen sehr veränderlich, morgens war es meist trüb, gegen Mittag hellte es auf, zwischen lichten Stellen der Wolken kam die Sonne kurze Zeit zum Vorschein, dann erfolgten wieder einzelne schwache Regenschauer. Der 14. war ein besonders trüber, feuchtkühler Regentag. Die folgenden Tage waren dann wieder besser, es fiel wenigstens kein Regen, im übrigen war es aber noch recht kühl, besonders in den Abendstunden. In den Morgenstunden fand wiederholt starke Nebelbildung statt. Der Wind wehte aus West und Nordwest infolge eines über Ostdeutschland gelegenen Tiefs, welches dort mehrere Tage lang ununterbrochen starke Regengüsse verursachte. Am 19. erfolgten abends wieder Gewitter mit Regenfall. Die Gewitterstimmung dauerte auch in den nächsten Tagen noch fort. Es war zeitweise recht schwül, und mächtige Haufenwolken verfinsterten mitunter den Himmel, während in der Zwischenzeit ziemlich heitres, trockenes Wetter herrschte. Die Witterung besserte sich immer mehr. Gegen Ende des Monats bekamen wir bei hohem Barometerstand andauernd prächtiges Sommerwetter, das nur durch lokale Gewitter beeinträchtigt wurde, die mit stärkerem Regenfall verbunden waren. Dieser Regen verursachte etwas Abkühlung, nachdem das Thermometer zuvor bis etwa 30° gestiegen war.

September 1913.

Das gewitterschwüle Wetter des vorhergehenden Monats bestand auch zu Beginn des September noch weiter fort. Abends erfolgten wiederholt elektrische Entladungen mit Regenfall als Begleiterscheinung. Im Anschluß an diese Gewitter herrschte in der Rheinebene ziemlich veränderliches Wetter, es war meist trüb und regnerisch, dazwischen erfolgten Sonnenblicke, in Lothringen, besonders im nördlichen Teil war es überwiegend schön und warm. Ein bisher im Norden gelegenes Hoch brachte auch uns am 8. vorübergehend Aufheiterung, doch am nächsten Tag hatten wir in den Abendstunden schon wieder Gewitter mit Niederschlägen, die am darauffolgenden Morgen noch anhielten. Dann wurde die Witterung aber doch etwas besser. Ein Hoch im Westen zog über uns hinweg, sein Herannahen bewirkte in den Morgenstunden starke Nebelbildung, tagsüber herrschte heiteres, warmes Wetter, das aber nur kurzen Bestand hatte, denn schon am 13. brachte uns ein Tief gegen Mittag rasch zunehmende Bewölkung und gegen Abend Regenfall. Acht Tage blieb die Witterung nun unbeständig. In den Frühstunden war es entweder sehr dunstig, trüb und nebelig, mittags trat zeitweilige

Aufheiterung ein oder es erfolgten Regenschauer. Dabei war es meist recht kühl. Zum Schluß des Monats kamen wir noch einmal in Hochdruckbereich. Dichte Nebel in den Morgenstunden, heiteres, warmes Wetter bei östlichen Winden in den Mittagsstunden waren die Folge, die Nächte blieben kühl, das Thermometer ging strichweise in der Ebene herab bis auf $+3^{0}$.

Oktober 1913.

Auf der Vorderseite eines über Frankreich und Spanien lagernden Tiefdruckwirbels gelegen hatten wir zu Beginn des Monats bei föhniger Aufklarung und südlichen Winden warmes, prächtiges Herbstwetter. Gegen Abend erfolgte wiederholt verbreitetes Wetterleuchten, und in verschiedenen Gegenden fanden Gewitter statt mit geringem Regenfall als Begleiterscheinung. Die Situation änderte sich in den Mittagsstunden des 4. Das Vordringen des südwestlichen Tiefs in östlicher Richtung, sowie verschiedene zur Ausbildung gelangte Teiltiefs brachten uns zunächst trübes, regnerisches Wetter. Der Witterungscharakter wechselte dann ziemlich häufig. Von lokalen Abweichungen abgesehen hatten wir aber im allgemeinen ziemlich mildes Wetter bei wechselnder Bewölkung und zeitweiliger, aber meist geringer Niederschlagsbildung. Morgens war es meist trüb und regnerisch, mittags erfolgte Aufheiterung, in der Nacht nahm die Bewölkung wieder zu, es erfolgte Wetterleuchten, und strichweise fiel schwacher Regen. Der 8. war ein häßlicher Regentag. Ein intensiver Luftwirbel näherte sich uns von England her und brachte uns nach starken Niederschlägen kühles, veränderliches Rückseitenwetter: Regenschauer abwechselnd mit Sonnenblicken. Nach Abzug dieses Tiefs kamen wir in den Bereich eines Hochdruckgebiets. In den Morgen- und Nachtstunden war es immer noch sehr kühl. Das Thermometer ging am 13. herab bis auf + 2 Grad in der Ebene und auf – 2 Grad im Gebirge. Tagsüber war es meist trocken und heiter, mit Ausnahme vom 12. und 15., wo wir trübes und regnerisches Wetter hatten. Nördlich an uns vorüberziehende Luftwirbel beeinträchtigten an diesen Tagen das sonst fortdauernd schöne Hochdruckwetter. Es begann dann eine Periode sehr intensiver Nebelbildung in den Morgenstunden. Am Sonntag den 19. waren wir hier in Straßburg den ganzen Tag in dichten Nebel gehüllt, während an den übrigen Tagen in den Mittagsstunden, nach Auflösung des Nebels, ziemlich schönes Wetter herrschte, bis zum 22., wo ein neues, in östlicher Richtung vordringendes Tief uns verbreitete Niederschläge brachte, die besonders in Lothringen sehr ergiebig waren. In den darauffolgenden Tagen hatten wir meist mildes Wetter bei mehr oder weniger stark bewölktem Himmel, ohne Niederschlagsbildung von Bedeutung. Nur im Süden regnete es zeit- und strichweise, aber schwach. Morgens war es wiederholt sehr nebelig, besonders am 25. und am 26. erfolgte aufs neue starker Regenfall. Bis zum 30. hatten wir dann bei Föhnlage wieder mildes Wetter mit stärkerer Bewölkung und abendlichem Wetterleuchten im Süden. An den beiden letzten Tagen herrschte in Lothringen vorwiegend mildes, trockenes Wetter bei wolkigem Himmel, in der Rheinebene hingegen, besonders im Süden, war der Himmel zeitweise bedeckt, und strichweise fiel schwacher Regen.

November 1913.

Der November zeichnete sich durch die ungewöhnlich hohe Anzahl von Regentagen aus. Die meisten Stationen notierten 24 und mehr Tage mit Niederschlag. Das Tagesmittel der Temperatur lag mit Ausnahme vom 20., wo das Thermometer unter den Nullpunkt herabging und Reifbildung erfolgte, durchweg über normal. Schneefall fand in der Ebene nicht statt. Dieser Witterungscharakter hängt zusammen mit der Verteilung des Luftdrucks. Wir lagen fast ununterbrochen am Südrand im Norden vorüberziehender Luftwirbel, deren Ausläufer uns verschiedentlich heftige, andauernde Regengüsse brachten, im Gebirge fiel Schnee. Am 11. kam es nochmals zu Gewitterbildung. Vorübergehend kamen wir unter Hochdruckeinfluß und hatten schönes Wetter, besonders am 23. und 26. Von diesen Tagen abgesehen war das Wetter aber fortdauernd trüb und regnerisch oder trocken bei bedecktem Himmel und milder Temperatur.

Dezember 1913.

In den ersten Tagen des Monats Dezember lag fast der ganze nördliche Teil Europas im Bereich eines ausgedehnten barometrischen Tiefs, das immer neuen Zuwachs von Westen her erhielt. An der Südgrenze dieser ausgedehnten Tiefdruckzone gelegen, hatten wir meist trübes Wetter mit zeitweiligen

Niederschlägen in Form von Regen in der Ebene, in Form von Schnee im Gebirge. Nur ganz vorübergehend erfolgte in der Rheinebene in den Mittagsstunden des 3. und 4. föhnige Aufheiterung. Am 6. regnete es fast den ganzen Tag. Dann aber trat Besserung ein. Ein von Spanien her vordringendes Hoch brachte uns 3 Tage lang kalte, trockene Witterung bei heiterem Himmel. Am 10. setzte eine neue Periode unbeständigen Wetters ein. Sie dauerte bis zum 18., wo das atlantische Hoch einen erneuten Vorstoß nach Osten machte und aufs neue kaltes, heiteres und trockenes Winterwetter — Temperaturen bis — 9 Grad — bewirkte. Am 23. erfolgte wieder Bewölkungszunahme. Von Nordwesten in südostlicher Richtung vordringende Luftwirbel verursachten veränderliches Wetter. An einzelnen Tagen war es trüb, es regnete oder schneite, dazwischen erfolgten einzelne Sonnenblicke, und ein heftiger Wind wehte meist aus westlicher Richtung, besonders in der Zeit vom 26. bis 28., wo einige sehr intensive Luftwirbel direkt über uns hinwegzogen, so daß die Windstärke auf der Münsterspitze bis zu 16,5 m/sec. anstieg. Auf der Rückseite dieser Tiefs erfolgten am 29. und 30. starke Schneeschauer, und dann setzte eine Periode heiteren Frostwetters ein.

Januar 1914.

Nach den starken Schneefällen in den vorletzten Tagen des Monats Dezember — in Straßburg erreichte die Schneedecke 10, im Gebirge 50 Zentimeter und mehr — setzte mit Jahreswechsel eine heftige Frostperiode ein. Das Thermometer ging bis auf — 11 Grad herab. Die Schneedecke erhielt sich bis zum 4., wo in den Abendstunden Tauwetter eintrat. Wir hatten jetzt einige Zeit tagsüber etwas milderes Wetter. Verschiedene im Norden vorüberziehende, sehr intensive Luftwirbel verursachten starke Bewölkung mit zeitweiligem Regenfall, und gleichzeitig wehte ein starker Wind aus westlicher Richtung, der, sobald wir auf die Rückseite der Tiefs kamen, in die nordwestliche überging und die Temperatur immer wieder aufs neue herabdrückte. In der Nacht vom 10. erfolgten nach vorausgegangenem Regenfall starke Schneegestöber, die auch am nächsten Tage noch andauerten. In der mittleren Rheinebene erreichte die Schneedecke eine Höhe von 17 Zentimetern, im Gebirge stieg sie an bis zu 1 Meter. Nach diesen starken Schneestürmen trat strenge Kälte ein. In der Zeit vom 11. bis 25. stieg das Thermometer tagsüber nie mehr über den Nullpunkt empor. Das Maximum blieb vielmehr bis 5 Grad unter Null, und das Minimum sank sehr häufig herab auf — 10 Grad, am 24. sogar bis — 15 Grad. Am 26. setzte in den Mittagsstunden vorübergehend Tauwetter ein, und am darauffolgenden Tag folgte leichter Regen bzw. Schneefall. Dann wurde es wieder kälter, die Temperatur ging in der Nacht wieder herab bis auf — 8 Grad, nur tagsüber war es etwas wärmer, das Maximum erreichte in den Mittagsstunden + 4 Grad.

Februar 1914.

Das trockene Wetter bestand im Februar noch weiter fort. Der Himmel war meist heiter oder nur schwach bewölkt, der Belchenbeobachter meldete jeden Morgen Alpenaussicht, die Nächte waren kalt, am 6. wurden — 8 Grad festgestellt, morgens war es häufig nebelig, tagsüber aber schön und mild. Am 11. trat leichter Regenfall ein, der auch in den folgenden Tagen immer aufs neue wieder einsetzte, im Gebirge fiel Schnee. Der Wind, der zuvor meist aus südwestlicher Richtung geweht hatte — die Temperatur stieg unter seinem Einfluß bis + 15 Grad im Rheintal — drehte gegen Monatsende nach Nordost. Die nördlichen Winde verursachten Abkühlung, im Gebirge fiel aufs neue Schnee, das Wetter blieb in der Ebene meist trüb, nur zeit- oder strichweise fiel geringer oder überhaupt kein Niederschlag.

März 1914.

Das Wetter war in diesem Monat abnorm schlecht. Zu Beginn und Ende desselben gab es allerdings einige recht schöne Tage, in der ganzen übrigen Zeit aber herrschte trübe, unbeständige, regnerische Witterung. An einzelnen Tagen erfolgte bei südlichen Winden vorübergehende föhnige Aufheiterung mit Temperaturanstieg bis + 19 Grad, auf Sonnenschein folgte aber sogleich wieder Sturm und Regen, Hagel und und Schnee. Gewitter traten mehrfach auf. Die meisten Beobachtungsstationen notieren 27 Tage mit Niederschlag und eine Niederschlagsmenge, die den Normalwert um das 2- bis 4-fache übertrifft. Ein normaler März weist neben Tagen mit veränderlicher Witterung, neben Regen und Schneeschauern, neben milden und trüben, oder milden und sonnigen Tagen, die bald wieder durch Regen, Schnee und Hagelschauer abgelöst werden, neben Tagen mit kurzandauernder Schneedecke, die bald der Sonne wieder weicht, auch trockene Perioden auf, an denen nachts die Temperatur mehrere Grade unter den Nullpunkt herabgeht, tagsüber rauhes, windiges Wetter herrscht, bei dem der Märzenstaub auf den rasch abgetrockneten Straßen zur Bildung kommt. Das anfangs rauhe Wetter wird durch die Sonnenstrahlung milder, nach einer Reihe milder Tage erfolgen abends häufig gewitterartige Regen mit elektrischen Erscheinungen, nach milden Tagen treten dann wieder Schnee- und Hagelschauer ein, die Witterung ist noch sehr variabel.

April 1914.

Zu Anfang des Monats prächtiges Wetter, dann aber bald Bewölkung und verbreitete Niederschläge. Auf der Rückseite eines barometrischen Tiefs veränderliches Wetter, typisches Aprilwetter, Sonnenschein abwechselnd mit Regenschauern, Gewitterböen mit Hagel und Schneegestöber, besonders im Gebirge. Dann aufs neue wieder 2 Tage lang Regengüsse, daran anschließend wieder Gewitterböen, Sonnenschein abwechselnd mit Schauern, Graupeln und Hagelkörnern. Hierauf trockenes Wetter, anfangs noch Wolkenzug, dichte Cumuli, zwischen denen die Sonne alle 10 Minuten auf kurze Zeit zum Vorschein kommt, dann Bewölkungsabnahme und heiteres, prächtiges Wetter mit steigender Temperatur. An verschiedenen Tagen Gewitterneigung, wobei meist nur ein paar Tropfen Regen fielen. Nächte kalt. Am 24. in der Nacht starker Regenfall, der am nächsten Tag noch anhielt, dann wieder heiteres, schönes Wetter, erst am Ende des Monats wieder Gewitter und Gewitterregen.

Mai 1914.

Nach den vorausgegangenen Gewittern war das Wetter zunächst empfindlich kühl. Strichweise, besonders im Süden erfolgten zeitweise noch geringe Regenfälle, im Norden war der Himmel meist heiter und schön, die Nächte kalt. Am 4. fanden im Süden wieder Gewitter statt, daran anschließend war das Wetter dann längere Zeit hindurch fortdauernd unbeständig, feuchtkühle, regnerische Tage wechselten ab mit trockenen, an denen aber der Himmel bedeckt war infolge frischer, nordöstlicher Winde. Zwischendurch ein Tag mit heiterem bis wolkigem Himmel, dann wieder veränderlich mit Sonnnenblicken und Regenschauern, im Gebirge Schnee. Im Anschluß an dieses feuchtkalte Wetter Aufheiterung mit Temperaturanstieg bis + 30 Grad. Gewitter und Gewitterregen verursachten dann wieder Abkühlung und leiteten aufs neue eine Periode trüben, kalten Wetters ein. Im Gebirge fiel aufs neue Schnee, in der Ebene wiederholt Regen. Zum Schluß des Monats wurde es dann wieder schön.

Juni 1914.

Das schöne Wetter hielt an. Morgens war es allerdings häufig sehr trüb bei nordöstlichen Winden, das Gebirge in Nebel gehüllt. Dann herrschte mehrere Tage hindurch veränderliche Witterung, morgens war der Himmel meist bedeckt, zeitweise erfolgten mehr oder weniger starke Niederschläge, die Sonne kam selten zum Vorscheim. Dann folgte eine Periode sehr intensiver Gewitterbildung. Tagsüber war das Wetter meist schön, das schöne Wetter wurde aber fortdauernd unterbrochen durch die fast täglich einsetzenden, starken, elektrischen Entladungen und heftigen Gewitterregen. (Wolkenbruch und Hagelschlag in Lothringen.) Gegen Ende des Monats herrschte wieder sehr schönes, heißes Sommerwetter.

Juli 1914.

Dieses heiße Sommerwetter dauerte bis zum 4. Juli, wo heftige Gewitterregen eintraten und eine Periode sehr veränderlichen Wetters einleiteten. Fast jeden Tag erfolgten mehr oder weniger starke Niederschläge. Erst am 10. trat wieder Aufheiterung ein. Temperaturanstieg bis + 31 Grad im Schatten. Das heiße, schöne Wetter wurde wiederholt unterbrochen durch schwere Gewitter. (Hochwasser im Mossigtal.) Im Anschluß an die Gewitter hatten wir einige Tage lang bewölkten Himmel mit Regenschauern und zeitweiligem, meist kurzandauerndem Sonnenschein. Dann folgten wieder schöne, heiße Sommertage, gegen Ende des Monats brachten uns erneute Gewitter eine Periode sehr schlechten Wetters mit verbreiteten Landregen.

Bis Mitte September, wo eine mehrwöchentliche Schlechtwetterperiode mit fortwährenden Regenfällen bei zum Teil sehr stürmischen, kalten Winden dem Sommer ein Ende machte, herrschte dann fast ununterbrochen prächtiges Wetter. Auf das naßkalte Wetter im September folgte dann eine Periode herbstlich schönen Wetters, ein prächtiger Altweibersommer mit milden, sonnigen Nachmittagen, aber frischen Nächten, der Oktober war zum weitaus größten Teil trocken, der November dagegen regnerisch, der Dezember außerordentlich mild infolge des häufigen Föhnwetters, wo bei klarer, durchsichtiger Luft Temperaturanstieg bis + 18 Grad erfolgte.

Wenn nun auch der Verlauf der Witterung in den einzelnen Jahrgängen recht verschieden ist, die wichtigsten Erscheinungen kehren doch immer wieder. Im Frühjahr die Kälterückfälle, auf sonnige Tage folgen Regen und Hagelschauer, Gewitterböen, im Mai wechseln warme, heitere Tage mit feuchtkühlen, regnerischen ab, dann kommen im Juni und Juli die heftigen Gewitterregen, im Anschluß an diese setzen oft langanhaltende Regenperioden ein. Nach solchen Regenperioden folgt dann in der Regel noch ein schöner Altweibersommer, im Spätjahr abwechselnd trockene Perioden mit Nebelbildung in den Morgenstunden — niedere Temperaturen stellen sich ein — und trübe, nasse Witterung mit Regenfällen. Im Winter Regenperioden mit milder Temperatur abwechselnd mit trockenem, kaltem Wetter oder anhaltende Frostperioden mit oder ohne Schneedecke in der Ebene, dann wieder Föhnlage und Schneeschmelze, sobald von Westen ein barometrisches Tief unserem Gebiet sich nähert, auf dessen Vorderseite Luftzufuhr aus südlicher Richtung stattfindet.

Wenn wir von den Gewitterregen absehen, ist in unseren Breiten der Regenfall abhängig von den barometrischen Zyklonen, die meist in nordöstlicher Richtung nördlich an uns vorbeiziehen. Daher das Vorwiegen der westlichen Winde und die durch sie bedingte Luftzufuhr vom atlantischen Ozean. Mitunter zieht auch das Mittelmeertief uns in seinen Bereich, dann erfolgen ebenfalls Niederschläge, aber sie sind der kühleren Temperatur und den nordöstlichen Winden entsprechend spärlicher, vergl. die kühlen, leichten Mairegen. Die Sommergewitter sind an gar keine Zyklone gebunden und treten meist auf bei stagnierender Atmosphäre, im Bereich sehr flacher barometrischer Tiefs bei sehr schwachem Luftdruckgefälle und hoher Luftwärme, ähnlich wie in den Tropen. Sobald wieder ein bestimmter barischer Gradient sich einstellt, hört die Gewitterbildung auf.

Auf der Karte der Niederschlagsschwankung sind die Gebiete mit vorwiegenden Gewitterregen von denen mit überwiegenden zyklonalen Niederschlägen durch das verschiedene Vorzeichen der Zahlengrößen leicht zu unterscheiden. Gebirge und Rheinebene bilden zwei scharfe Gegensätze. Auf der Lothringer Hochfläche, dem ganzen Gebiet zwischen Maas und Vogesen bis Hardt ist der Unterschied zwischen Gewitterregen und den in Verbindung mit Zyklonen auftretenden Niederschlagsmengen gering. Mit Annäherung ans Gebirge, Vogesen und Argonnen nehmen die zyklonischen Regenmengen zu.

Für die West- wie Ostseite des Gebirges ist die Gesamtregenmenge gleich der Summe von Gewitterregen + zyklonischen Regen. Dieser letzte Summand ist aber in der Rheinebene viel kleiner. Durch die aufsteigende Bewegung der von den Westwinden herbeigeführten feuchten Luftmassen erfolgt in den Vogesen Kondensation, die beim Herabsturz der Luft über die Steilwand des Gebirges bedeutend eingeschränkt wird. Wird nun der eine Summand kleiner, so wird es auch die Summe. Die Menge der Gewitterregen ist in der Ebene nicht so viel größer, daß sie ausreicht, um den Ausfall der zyklonischen Regen auszugleichen. Der Unterschied der Regenmengen auf der West- und Ostabdachung der Vogesen wird dadurch erhöht, daß die Projektionen der Abdachungsflächen in die Horizontale beiderseits verschieden groß sind, im Osten viel kleiner als im Westen. Auf der Ostseite werden die Wassermengen der Gebirgsflüsse von der Ill aufgenommen, auf der Westseite reichen die Wassermassen aus, um zwei Flüsse von der Bedeutung der Ill, nämlich Meurthe und Mosel, zu speisen. Die Grenze der Gebiete mit der verschiedenen Niederschlagshöhe fällt nicht mit der mathematischen Linie der Wasserscheide zusammen. — Alfeld weist z. B. eine Niederschlagshöhe auf, die wohl von keiner der Westseite übertroffen wird. Alfeld liegt unten am Steilabfall des Welschen Belchen. Die Luftmassen stürzen über den Steilhang hinab wie über einen Wasserfall. Die durch diese Sturzbewegung erzeugten Wirbel sind wohl die Ursache der starken Niederschlagsbildung. — Die Grenze ist daher keine Linie, sondern eine dem Hauptkamm parallel laufende Fläche.

Der Unterschied zwischen der West- und Ostseite der Vogesen gilt nun nicht bloß hinsichtlich der Niederschlagshöhe, sondern bezüglich des Klimas überhaupt. Zu den klimatischen Unterschieden treten solche der Topographie und Bodenbeschaffenheit und damit auch solche der Vegetation und Lebensbedingungen der Bewohner hinzu. Die Lothringer Hochfläche ist entschieden rauher und windiger als die im Wind- und Regenschutz sich erstreckende rheinische Ebene. Sie ist berüchtigt durch den raschen Wetterumschlag in der kälteren Jahreszeit. Zu dem rauhen Klima und dem höheren Niveau kommt hinzu ein sehr schwerer Kalkboden und sehr unebenes, hügelig-welliges Terrain. Der Anbau desselben ist schwierig und kostspielig, erfordert viele Pferdekräfte. Im Elsaß ist der Boden leichter, ein Pferd genügt zum Pflügen des Feldes. Die Pferdezucht tritt daher in der Rheinebene ganz zurück hinter der Viehzucht, die einträglicher ist. In Lothringen gedeihen nur Pflanzen, die bei schwerem Boden gleichzeitig ein rauhes Klima vertragen. Viele Obstarten, die im Elsaß häufig sind, fehlen in Lothringen, z. B. die echte Zwetsche und manche Apfelsorten. Reben und Hopfen, Tabak und Mais kommen dort nicht oder nur selten vor. Die Rebe findet sich nur auf den sonnigen Hügeln der geschützten Talseite der Mosel. Dem anders gearteten landwirtschaftlichen Betrieb entspricht auch eine andere Bauart des Bauerngehöfts. Der lothringer Typus, gebaut nach dem Prinzip: Maximum des Innenraumes bei Minimum der Außenflächen — Wohnhaus und Scheune unter einem Dach — ist viel einfacher wie der elsässische. Er ist dem Klima sehr gut angepaßt, da nur eine verhältnismäßig kleine Fläche dem Angriff von Wind und Regen ausgesetzt ist. Der rings von Gebäuden eingeschlossene elsässische Bauernhof mit den zahlreichen Schuppen zum Aufbewahren von Tabak, Hopfen und Holz bietet dem Wind viel größere Angriffsflächen, die Windstärke ist in der geschützten Ebene aber auch viel geringer wie auf der nach Westen geöffneten lothringer Hochebene. Da in Lothringen der Boden weniger fruchtbar und schwerer zu bebauen ist, sind im allgemeinen die Dörfer viel kleiner als im Elsaß und liegen weiter auseinander. An Stelle eines Dorfes tritt in Lothringen oft ein isoliertes, in der Nähe einer Quelle gelegenes Gehöft mit ausgedehntem landwirtschaftlichem Betrieb; Großgrundbesitz im Kleinen. Es ist von der größten Bedeutung für den landwirtschaftlichen Betrieb, daß in Lothringen die Niederschläge sich ziemlich gleichmäßig auf das ganze Jahr verteilen und die Gewitterregen nicht so einseitig hervortreten wie in der Rheinebene, daß es dort öfter und etwas stärker regnet als im Rheintal; denn infolge der starken Neigung des Geländes fließt der Regen leichter oberflächlich ab, und der Regen, der nicht abfließt, dringt infolge der Porösität des Kalkbodens zu leicht in die Tiefe. In der Rheinebene liegen die Verhältnisse wesentlich anders; hier tritt der Kalk zurück hinter Löß, Lehm und Lette, der Regen dringt daher nicht so rasch in die Tiefe und fließt auch oberflächlich nicht ab. Trotz geringerer Niederschlagshöhe empfangen die Pflanzen daher doch annähernd den gleichen Betrag von Feuchtigkeit wie auf der lothringer Hochebene.

Während im Rheintal im Sommer häufig unerträglich schwüles Wetter herrscht, ist auf dem lothringer Hochland auch bei hohen Temperaturen immer Luftbewegung vorhanden, die Luft daher weniger schwül und die Hitze leichter zu ertragen. Hingegen ist im Winter und in den Übergangszeiten, wo Sommer und Winter um die Herrschaft ringen, besonders im Frühjahr zur Zeit der Kälterückfälle nach warmen sonnigen Tagen die rauhe, naßkalte Witterung bei scharfen Winden auf der lothringer Hochebene viel unangenehmer als im Rheintal, das wesentlich milder ist.

Mai 1911.

I. Wind auf dem Belchen.

N	NW	W	SW	S	SE	E	NE
8	8	5	6	6	2	27	31

II. Niederschlag.

Belchen	60 mm	17 Regentage
Wildenstein	68 „	15
Münster	41	12
Colmar	35	14
Straßburg	62	15
Gondrexange	55	18
Metz	30	10

Noch viel schroffer wie zwischen lothringer Hochebene und dem Rheintal ist der Unterschied zwischen Gebirge und Rheintal. Die Temperatur nimmt mit der Höhe ab und ebenso der Dampfdruck. So erfrischend nun die Luft ist auf den Höhen der Berge in der heißen Jahreszeit trotz starker Insolation, wenn unten in der Ebene die gewitterschwüle Luft fast unerträglich wird, so unangenehm wird der Aufenthalt im Gebirge, wenn mitten im Sommer eine Regenperiode sich einstellt. Die in Verbindung mit barometrischen Tiefs von Westen vordringenden Luftmassen kühlen sich beim Aufsteigen am Gebirge ab, die Höhen sind daher bedeutend kälter als die Niederung. Der Temperaturunterschied erreicht dann ein Maximum. Zu der größeren Kälte kommen hinzu stärkerer Wind und größere Feuchtigkeit. Umgekehrt sind bei ruhigem Hochdruckwetter im Spätjahr und Winter die Höhen oft viel milder als die Ebene. Folgende Beispiele sind besonders lehrreich:

Januar 1911.

Lufttemperatur.

	Belchen			Mülhausen		
Datum	7h	2h	9h	7h	2h	9h
19.	1,4	2,7	1,4	— 1,4	1,0	0,0
20.	3,0	4,2	3,8	0,4	1,8	0,4
21.	4,8	8,7	3,9	— 0,6	— 0,6	— 1,8
22.	2,6	2,3	0,4	— 2,0	— 0,2	— 1,4
23.	— 1,4	2,4	— 3,2	— 2,6	— 2,4	— 3,0
24.	— 10,8	— 10,0	— 10,2	— 2,6	— 2,2	— 2,4

Bewölkung.

19.	2	5	0	10	10	10
20.	0	0	0	10	10	10
21.	0	0	0	10	10	10
22.	0	2	0	10	10	10
23.	0	0	0	10	10	10
24.	10	10	10	10	10	10

11. Dezember 1902.

	Lufttemperatur.			Bewölkung.		
	7h	2h	9h	7h	2h	9h
Belchen	+ 3,0	5,9	5,8	1	0	3
Mülhausen	— 10,6	— 7,6	— 10,6	10	0	10
	13,6	13,5	16,4	9	0	7

Also ein Temperaturunterschied von 16,4° auf den Höhenunterschied 1394 — 242 = 1152 m, das macht eine Temperaturzunahme von 1,4° pro 100 m.

Oben auf den Höhen herrscht also heiteres, mildes, unten nebeliges, kaltes Wetter.

Ähnliche Unterschiede zwischen Tal und Höhen findet man in der heißen Jahreszeit bei heiterem Sommerwetter. Steigt man nach einer Gebirgswanderung abends vom Gebirge hinab ins Tal, dann hat man unten sofort das Gefühl feuchter Kühle, während es oben und am Bergabhang noch trocken mild war. Da im Tale die nächtliche Wärmeausstrahlung viel eher beginnt, erkaltet der Boden dort eher. Die an den Bergabhängen infolge der Ausstrahlung sich abkühlenden Luftschichten sinken hinab in die Talsenke, dort stagniert die kalte Luft, der Wasserdampf kondensiert sich zu Nebel. Infolge dieser stärkeren Erkaltung der Täler besteht dort für die Vegetation größere Frostgefahr wie auf der Höhe und den Talabhängen.

Im Vergleich zu den Berggipfeln zeigen die Täler viel größere Temperaturausschläge, besonders dort, wo die Talwände gegen Insolation günstig exponiert und gegen abkühlende Winde gut geschützt sind. In dem trocken-heißen Juli 1911 ergibt sich beispielsweise für die Talstationen Münster und Wildenstein ein mittleres Monatsminimum von

13,2° bzw. 12,4°, ein mittl. Maximum
von 27,0° „ 25,4°
13,8° 13,0°. Für den Belchen hingegen findet man 19,3 und 10,7° oder eine Differenz von 8,6°, für Colmar 29,4° und 15,8°, also eine Differenz von 13,6°. Die aus den Monatsmitteln berechneten mittleren Jahresextreme ergeben folgende Werte (Mittel aus 10 Jahren):

	Belchen	Münster	Colmar	Straßburg	Gondrexange	Metz
Maximum	6,5	13,2	14,7	14,0	12,7	14,0
Minimum	0,5	4,7	6,5	5,8	4,9	5,5
	6,0	8,5	8,2	8,2	7,8	8,5

Münster im Tal gelegen und gegen Winde geschützt weist also trotz höherer Lage höhere Maxima auf wie das den Winden freigegebene, auf der lothringer Hochebene gelegene Gondrexange. Die Wirkung der Insolation auf die geneigten Talwände ist stärker als auf der freien Hochebene. Die Ausstrahlung ist ebenfalls stärker, da das Tal gegen Westen abgeschlossen ist, die Ausstrahlung also eher beginnt. Die Differenzen zwischen den Extremwerten nehmen mit der Höhe ab, wie der Vergleich von Straßburg und Gondrexange, Gondrexange und Belchen lehrt, taleinwärts zu, wie man aus der Gegenüberstellung von Colmar und Münster erkennt. Der Einfluß der Temperatur auf die relative Feuchtigkeit ergibt sich aus folgender Tabelle:

Relat. Luftfeuchtigkeit in %.

Ort	J	F	M	A	M	J	J	A	S	O	N	D	Jahr
Straßburg	86	84	78	72	74	74	72	77	82	86	87	88	80 %
Colmar	85	83	77	70	69	68	68	71	78	85	87	89	76,5 „
Mülhausen	88	84	78	72	72	72	69	73	78	84	86	87	78
Münster	88	85	81	75	74	76	72	78	81	86	87	89	81
Wildenstein	90	89	85	80	78	79	76	81	82	87	88	90	84
Gondrexange	90	88	83	77	78	80	77	80	84	88	90	91	83 „
Metz	88	85	80	76	76	77	74	79	83	88	89	88	81,5 „
Saargemünd	86	83	77	70	69	69	68	73	78	83	85	87	78
Rothau	92	89	86	83	80	80	80	82	83	88	90	92	85

Colmar, die wärmste Station des Landes, ist gleichzeitig auch die trockenste. Die Stationen der lothringer Hochebene weisen größere Feuchtigkeitsmittel auf wie die Rheintalstationen. Das verhältnismäßig geringe Feuchtigkeitsmittel von Saargemünd ist zurückzuführen auf die hohen sommerlichen Temperaturextreme dieses Ortes. Die Talstationen der Vogesen ergeben Mittelwerte der relativen Feuchtigkeit, die noch etwas höher liegen wie die der lothringer Hochebene.

Von den Hochstationen liegen langjährige ununterbrochene Beobachtungen nicht vor. Der Dampfdruck nimmt mit der Höhe ab, die Temperatur aber gleichfalls, daher ergeben sich keine großen Unterschiede in der relativen Feuchtigkeit zwischen Tal und Höhe, soweit Mittelwerte in Betracht kommen.

Im allgemeinen erfahren die einzelnen Witterungserscheinungen eine Steigerung mit der Höhe. Schönwetterperioden sind im Gebirge ganz besonders schön, Schlechtwetterperioden ganz besonders schlecht im Vergleich zur Niederung. Aus der

Zunahme der Niederschlagshöhe und Abnahme der Temperatur mit der Höhe erklärt sich auch folgende Erscheinung: Zahlreiche Flächen auf den Bergkuppen der Vogesen sind versumpft infolge des Mißverhältnisses von Temperatursummen und Niederschlagssummen. Es ist hier ähnlich wie bei dem bereits erwähnten Beispiel von Irland. Gebirgsklima und Seeklima zeigen in ihren Wirkungen also große Übereinstimmung. Was die Vegetation anbetrifft, so gehen mit der Höhe infolge der abnehmenden Summen der Temperaturgrade viele Pflanzen zurück. Auf den Feldern der hochgelegenen Forsthäuser gedeihen nur noch die Kartoffel, Roggen und Hafer. Eiche und Kiefer gehen kaum über 600 m hinauf. Bis in den höchsten Lagen findet sich noch die Buche und Rottanne. Der Hauptfeind des Pflanzenwuchses in der freien Höhenlage sind Schnee und Wind, welche den geraden Höhenwuchs behindern und Veranlassung geben zum Krüppelwuchs (Krummholzkiefer). Ob rein praktische Gründe — Weidgang — schuld daran sind, daß die Vogesenhöhen weniger bewaldet sind wie der Schwarzwald oder die nach Westen stärker exponierte Lage, sei dahingestellt.

Trägt man die im Abschnitt XIII niedergelegten Temperaturmittel von Belchen und Straßburg graphisch auf, so ergeben sich folgende Unterschiede der Kurven.

1. die Temperaturen des Belchen liegen niedriger als die der Ebene.

2. Der Ausschlag der Kurve ist geringer, ähnlich wie der Ausschlag der Station Brest (ozeanisches Klima), vergl. Abschnitt XIII.

3. Die Steigung der Kurven ist ganz verschieden.

$$\frac{\Delta T}{\Delta t} = \frac{2{,}0 - 0{,}1}{30} = 0{,}064$$

$$\frac{\Delta T}{\Delta t} = \frac{4{,}0 - 3{,}7}{30} = 0{,}01$$

Für den Zeitraum Januar—Februar ist die Steigung der Temperatur von Straßburg genau 6 mal größer wie auf dem Belchen. Der Winter dehnt sich im Gebirge weiter ins Frühjahr hinein aus, weil ein Teil der Wärme zum Schmelzen des Schnees verbraucht wird und immer aufs neue wieder Schneeschauer erfolgen. Die niedrigere Wärme bewirkt dann auch eine größere relative Feuchtigkeit und Bewölkung, wie der Vergleich von Straßburg und Belchen im Abschnitt VIII deutlich erkennen läßt. Da nun außerdem im Frühjahr die N-E-Winde häufig auftreten und die Luft gegen die steile Gebirgswand gedrängt zum Aufstieg gezwungen wird, so wird auch durch die bei dieser Vertikalbewegung erzeugte Abkühlung die relative Feuchtigkeit verstärkt und die Bergkuppen häufig in Nebel gehüllt.

Der Unterschied zwischen den Westwinden, die auf der Westseite des Gebirges Luftmassen in die Höhe führen, und den N-E-Winden besteht darin, daß diese letzteren mehr trocken, aber kühl, jene dagegen sehr feucht und mild sind. In dem einen Fall tritt daher bei der Vertikalbewegung der herbeigeführten Luftmengen starke Bewölkung ohne erheblichen Regenfall, in dem andern starke Bewölkung mit starkem Regenfall ein.

Beispiel: I. Dezember 1907.

1. Wind auf dem Belchen:

N	NW	W	SW	S	SE	E	NE
4	35	36	6	1	2	2	7

2. Niederschlag Belchen 353 mm, 19 Regentage,
Straßburg 59 „ 17 „

II. Mai 1911.

1. Wind auf dem Belchen:

N	NW	W	SW	S	SE	E	NE
8	8	5	6	6	2	27	31

2. Niederschlag Belchen 60 mm, 18 Regentage,
Straßburg 61 „ 16 „

So wie beim Übergang vom Winter zur wärmeren Jahreszeit im Gebirge die Temperatur im Vergleich zur Ebene nachhinkt, so dehnt sich auch beim Übergang von der wärmeren zur kälteren Jahreszeit die höhere Temperatur etwas länger ins Spätjahr hinein aus als in der Ebene. Berechnet man den angenäherten Temperaturfall für den Zeitraum August-September, so ergibt sich für

$$\text{Straßburg} \quad \frac{\Delta T}{\Delta t} = \frac{18{,}1 - 14{,}6}{30} = 0{,}12$$

$$\text{Belchen} \quad \frac{\Delta T}{\Delta t} = \frac{11{,}0 - 8{,}4}{30} = 0{,}09$$

$$\frac{0{,}12}{0{,}09} = \frac{4}{3}$$

Dieser geringere Abfall der Temperatur hängt zusammen mit der geringeren Ausdehnung der Bodenfläche bei Bergkuppen und der näheren Berührung mit der freien Atmosphäre, in welcher Temperaturwechsel weniger rasch erfolgen als dem der Insolation und Ausstrahlung stark unterworfenen Boden der Niederung und den mit ihm in Berührung stehenden Luftmassen. (Vergl. Temperaturgang von Münsterplattform und Universität mittags 2 Uhr und nachts 2 Uhr.)

Infolge der größeren Ausdehnung der Bodenfläche und der stärkeren Ausstrahlung ist die Niederung des Rheintals im Spätjahr und Winter häufig in Nebel gehüllt, während oben auf der Bergkuppe des Belchens, die, wie wir gesehen haben, langsamer erkaltet, heiteres Wetter herrscht. Im Sommer dagegen bleibt nach vorausgegangenen Gewittern infolge der durch die Gewitterregen erfolgten Abkühlung das Gebirge oft den ganzen Tag in Nebel gehüllt, desgleichen im Frühjahr, wo das Gebirge im Vergleich zur Niederung noch sehr viel kälter ist und außerdem östliche Winde häufig sind.

Kurven des Himmelszustands von Mülhausen und Belchen.

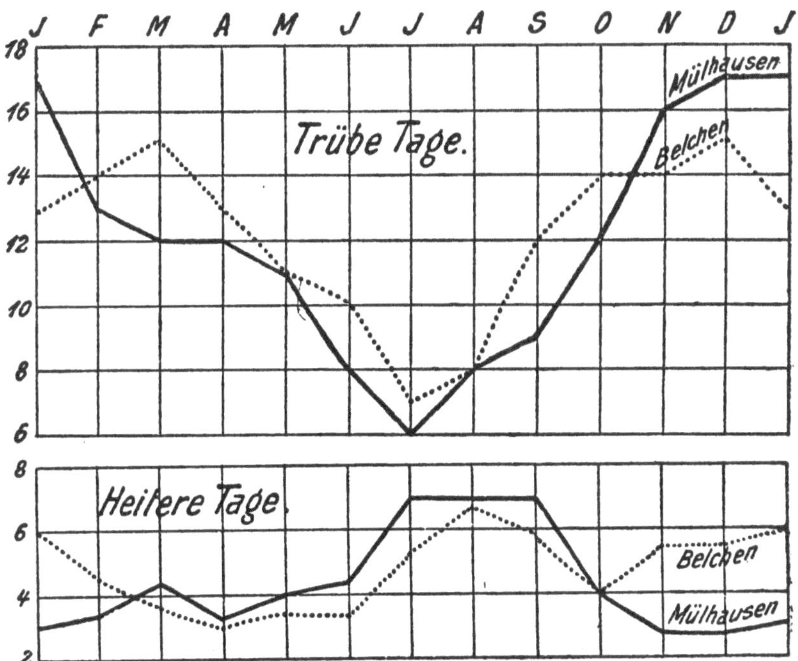

Infolge der aufsteigenden Bewegung der Luft bei Erwärmung in den Mittagsstunden ist mittags die Bewölkung das ganze Jahr hindurch, soweit Mittelwerte in Betracht kommen, auf dem Belchen größer als unten in Mülhausen, während in der kälteren Jahreszeit umgekehrt die Bewölkung in den Morgen- und Abendstunden in der Niederung stärker ist wie oben auf der Bergkuppe.

						Mülhausen.							
7 ha	7,7	7,5	6,8	6,3	5,7	5,5	4,5	5,3	6,6	7,7	8,1	7,8	7,7
2 hp	6,6	6,9	6,7	6,7	6,0	6,1	5,0	5,5	5,3	6,5	7,2	7,2	6,6
9 hp	6,4	6,9	5,9	6,4	6,1	5,8	4,5	5,4	5,1	6,2	7,4	7,7	6,4
						Belchen.							
7 ha	6,7	7,5	7,4	7,1	6,7	6,4	5,0	5,5	6,3	7,1	7,0	7,0	6,7
2 hp	6,9	7,8	7,5	7,7	7,1	7,0	6,0	5,9	6,4	7,3	7,8	7,2	6,9
9 hp	6,2	7,5	6,3	6,1	5,6	5,8	4,8	4,9	5,9	6,6	6,7	6,5	6,2

Bewölkungskurve von Mülhausen und Belchen.

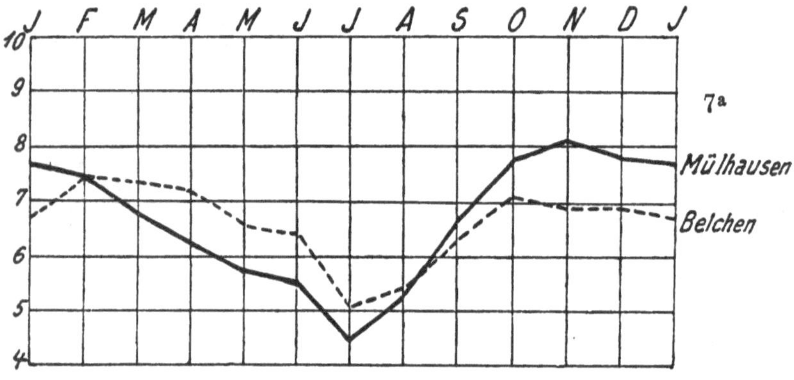

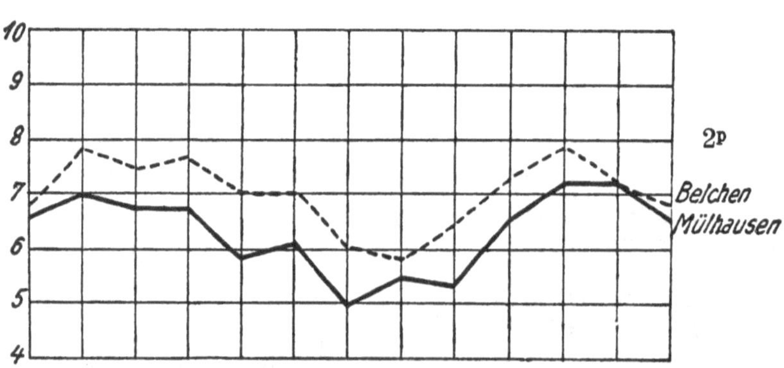

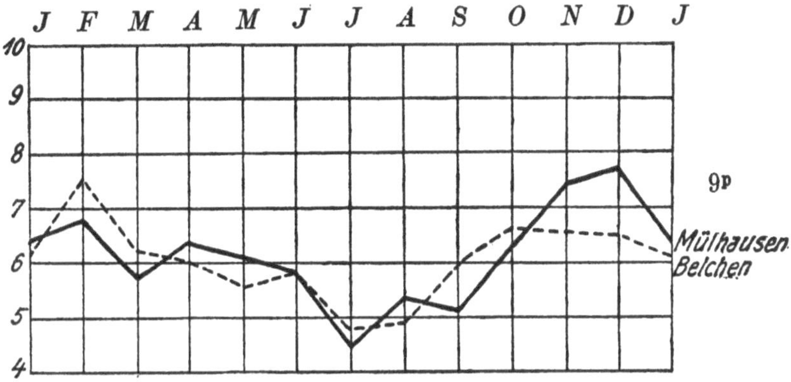

Relative Feuchtigkeit von Mülhausen und Belchen.

J	F	M	A	M	J	J	A	S	O	N	D		
91	89	87	83	83	83	82	84	89	92	91	91	Mülhausen	7 ha
89	88	92	92	87	86	82	86	89	91	89	89	Belchen	
84	75	64	58	56	57	53	56	64	72	79	82	Mülhausen	2 hp
88	86	86	87	81	81	75	79	83	86	83	88	Belchen	
90	87	81	76	71	76	72	77	84	88	89	91	Mülhausen	9 hp
90	88	90	92	89	88	83	87	91	92	88	90	Belchen	

Der Bewölkungsunterschied an den einzelnen Tagesstunden ist besonders scharf ausgeprägt bei ganz ruhiger Wetterlage, gleichgültig zu welcher Jahreszeit diese erfolgen mag. Wenn dann bei heiterem Himmel durch die Sonnenstrahlung der Boden sich erwärmt und mit ihm die ihn berührenden Luftschichten, wenn diese Erwärmung dann nach oben von Schicht zu Schicht sich fortpflanzt, dann dehnt die Luft sich aus, sie steigt nach oben. Infolge der Ausdehnung der Luft nach oben erfolgt Abkühlung, die relative Feuchtigkeit nimmt auf den Berggipfeln zu oder vielmehr trotz der stärkeren Erwärmung nicht in dem Maße ab wie unten in der Ebene. Die Wolkenschicht über den Vogesen, die sich bei schönem Wetter in den Spätmittagsstunden bildet und häufig lokale Gewitter und Niederschlagsneigung zur Folge hat, ist auf diese Vertikalbewegung der Luft zurückzuführen. Nachts, wenn in der Niederung der Boden frühzeitig sich wieder abkühlt, die Luftschichten sich wieder nach unten senken, dann verschwindet die Wolkenschicht wieder und es erfolgt heiterer Sternenhimmel. Die abwärts gerichtete, sinkende Luftbewegung macht sich am Ausgang der tief eingeschnittenen, rasch erkaltenden südlichen Vogesentäler nicht selten als kühler Talwind geltend, wenn unmittelbar am Fuß des Gebirges, wo dieses in breiter Front als Steilwand aus der Ebene sich erhebt, die niedersinkende und sich erwärmende Abendluft als lauwarme Windströmung empfunden wird.

Ihrer Entstehung nach grundverschieden von diesen warmen Winden ist der im Rheintal häufig auftretende Föhnwind. Während jene eine ganz ruhige Atmosphäre voraussetzen, erfolgt dieser stets auf der Vorderseite eines westlichen Tiefs. Die hohe Temperatur rührt nicht daher, daß der Föhn aus Süden weht, sondern vielmehr daher, daß von dem vordringenden Tief Luftmassen angesaugt werden, die vorher niedergesunken sind, sich erwärmt haben und im Zentrum des Tiefs selbst sich wieder nach aufwärts ausdehnen. Dieser Föhn tritt in jeder Jahreszeit auf, er bringt uns im Winter milde Tage, führt Schneeschmelze herbei, er bringt uns ferner die warmen Frühlingsnachmittage mit recht beträchtlichen Temperaturen und die letzten milden Tage im Spätjahr. Infolge der großen Durchsichtigkeit der Luft bei seinem Auftreten erscheinen Schwarzwald und Vogesen einander viel näher gerückt und von den Vorhügeln des Gebirges aus genießt man Fernsicht bis zu den Alpen.

Ein sehr wichtiger Unterschied zwischen Gebirge und Niederung besteht weiter darin, daß die Gipfel der Berge, die dem Spiel der vertikalen und seitlichen Bewegungen der Atmosphäre in weit stärkerem Maße unterworfen sind als die Basis des Gebirges, einem viel rascheren und intensiveren Wechsel der relativen Feuchtigkeit erleiden als die Punkte der Ebene.

Von Interesse ist ferner der Vergleich zwischen Bewölkung und Temperatur einer Höhen- und Ebenenstation.

Beispiele:

1. Januar 1898.

Temperaturmittel		Bewölkungsmittel	
Belchen	+ 2,0°	Belchen	4,1
Rothau	+ 1,9°	Rothau	6,2
Straßburg	+ 1,6°	Straßburg	8,3

2. Februar 1895.

Belchen . . .	— 10,8°	4,8
Münster	— 7,7°	4,5
Straßburg . .	— 6,7°	4,8

3. Februar 1904.

Belchen	— 4,7°	9,5
Münster	+ 2,4°	8,6
Straßburg .	+ 3,4°	8,4

Die größte Temperaturabnahme erfolgt bei Zunahme der Bewölkung mit der Höhe, bei gleicher Bewölkung ist der Temperaturunterschied verhältnismäßig gering, bei abnehmender Bewölkung tritt Temperaturumkehr ein.

Die Abhängigkeit der Niederschlagsmaxima von der Windrichtung möge folgende Tabelle veranschaulichen.

Monat	Jahr	Alfeld	Belchen	Lauchensee	Wildenstein	Belchenwind				
						NW	SW	W	N	NE
Dezemb.	1906	256	442	211	230	40	6	14	19	13
Januar	1906	440	214	470	290	32	5	29	7	11
März	1905	335	206	415	272	36	5	39	6	0
Dezemb.	1907	420	353	412	320	35	6	36	4	7
Dezemb.	1911	468	158	464	324	15	6	61	2	1
Februar	1904	570	248	560	451	6	5	51	22	2
März	1901	179	505	180	220	11	11	40	16	5
März	1912	466	189	384	371	20	7	50	4	0

Man ersieht daraus, daß die Maxima des Belchens zeitlich nicht mit denen der Gebirgstationen Lauchensee und Alfeld zusammenfallen. Der Belchen liegt nicht im Hauptkamm, sondern in einem seitlichen Ausläufer, der Rheinebene unmittelbar vorgelagert.

Nachdem nun auf die wichtigsten klimatischen Unterschiede der drei Gebiete hurz hingewiesen worden ist, seien die wichtigsten Ergebnisse der Untersuchung in folgendem kurz zusammengefaßt:

I. Niederschlagsmengen.

Rheinebene .	65,	Lothringen	74 cm pro Jahr
Sundgau . .	84,	Jura . .	107 „ „ „
Nordvogesen	86,	Hochfeld	148 „ „ „
Südvogesen . . .	180,	Westabfall d. Vogesen	100 „ „ „

II. Verteilung des Regens auf die Jahreszeit.

W	F	S	H	
17	23	33	27	Rheinebene
23	22	28	27	Lothringen
22	23	27	28	Sundgau
19	25	31	25	Jura
23	22	29	26	Nordvogesen
26	23	25	27	Hochfeld-Donon
31	22	22	26	Südvogesen.

III. Niederschlagstage.

Rheinebene . .	159	Nordvogesen . . .	175
Lothringen .	166	Südvogesen .	184
Sundgau . . .	164	Jura .	176

IV. Jahreszeitliche Verteilung der Regentage.

	W	F.	S	H
Rheinebene . . .	39	42	39	39
Lothringen .	45	41	38	42
Nordvogesen	46	45	42	42
Südvogesen .	46	49	47	42
Sundgau .	42	43	39	41

V. Dichte der Niederschläge.

	W	F	S	H
Rheinebene . .	0,70	0,87	1,34	1,10
Lothringen . .	0,85	0,89	1,22	1,06
Nordvogesen .	0,87	0,85	1,20	1,08
Südvogesen . .	1,24	0,83	0,86	1,14

VI. Regenkarten.

Auf den Regenkarten treten die Gebiete von Colmar und Metz im Rhein- bzw. Moseltal hervor durch geringe Regenmengen. Der Unterschied zwischen den Regenmengen von Gebirge und Ebene ist am größten im Dezember, am kleinsten im Sommer. Das Wassermeer, das sich bilden würde, wenn das Regenwasser weder seitlich noch in die Tiefe abflösse, wäre am tiefsten über dem Gebirge — daher dort die dunkel-blauen Farben wie beim Meere — am seichtesten in der Ebene bei Colmar. Der Wasserstand würde sich von Monat zu Monat rasch verschieben.

VII. Gewitter.

Sie treten in allen Jahreszeiten auf, am stärksten im Juni und Juli.

Gegenden mit häufigen Gewittern:

1. Lothringer Seengebiet,
2. Mündungsstellen von Nebenflüssen, z. B. Saargemünd und Straßburg.
3. Unmittelbare Nachbarschaft von Saar und Rhein.
4. Gebiet von St. Avold-Lubeln-Beningen in Lothringen.
5. Talausgänge der Vogesen.

VIII. Nebel.

Maximum der Nebelbildung in der Ebene im Herbst und Winter, auf dem Belchen im Frühjahr sehr viel Nebel, in einzelnen Tälern (vergl. Lützelburg) im Sommer.

Gebiete häufiger Nebelbildung:

Gebirge, Nachbarschaft der Flüsse, Industriezentren.

IX. Wind.

Maximum der Windstärke im Winter,
Minimum der Windstärke im Sommer.
Vorwiegende Richtung: Südwest bis West,
Im Rheintalgraben Ablenkung der Winde zu Süd resp. Nord.

X. Hagel und Graupeln.

Maximum ihres Auftretens im März und Mai zur Zeit der Kälterückfälle.

Die größten Hagelkörner treten auf im Sommer bei Gewittern.

Nachdem nun für das Gebiet zwischen Oberrhein und oberer Maas die Niederschlagsverhältnisse festgelegt sind, wäre es wünschenswert, wenn die gleiche Untersuchung auch für die angrenzenden Nachbargebiete durchgeführt werden könnte, damit für jeden Monat die Regenkarten des ganzen Deutschen Reiches gezeichnet werden könnten. Aus der Verteilung des Regens über große Gebiete würden sich für die ganze Wetterkunde wichtige Schlußfolgerungen ziehen lassen, ganz abgesehen von den rein praktischen Erfolgen, die sich aus dieser Gesamtdarstellung ergeben würden.

Jahresbericht,

erstattet von dem stellvertretenden 1. Schriftführer
Prof. Dr. Langenbeck.

Die Mitteilungen erscheinen diesmal infolge der kriegerischen Ereignisse mit einer Verspätung von fast einem Jahre. Es erschien uns trotzdem nicht angezeigt, den Jahresbericht für die beiden Jahre 1914 und 1915 in einem zusammenzufassen. Es ist vielmehr beabsichtigt, in wenigen Monaten ein weiteres Heft der Mitteilungen herauszugeben, das dann den Jahresbericht für 1915 enthalten wird. Der vorliegende Bericht hat sich also im wesentlichen nur mit den Vorgängen des Jahres 1914 zu befassen, doch ließ sich nicht ganz vermeiden, hier und da auf die des letzten Jahres überzugreifen. Namentlich aber wird über die Vorträge in den ersten Monaten des Jahres 1915 schon jetzt berichtet werden. Diese Einrichtung soll eine dauernde bleiben. Es sollen in Zukunft die Berichte über die Vorträge eines Winters in demselben Jahresbericht gebracht werden. Um das zu ermöglichen, werden die Mitteilungen künftig im April ausgegeben werden.

Der Krieg, in dem wir noch mitten darin stehen, hat auch unserer Gesellschaft zahlreiche schwere schmerzliche Verluste gebracht. Soweit uns bisher bekannt geworden ist, starben von unseren Mitgliedern den Heldentod fürs Vaterland:

1. Allmer, Oberst und Kommandeur des Inf.-Regt. 105, Mitglied des Vorstandes.
2. Andersch, Major im Inf.-Regt. 126.
3. Block, Hauptmann im Inf.-Regt. 105.
4. Böhmer, Hauptmann im Inf.-Regt. 174.
5. Diederichs, Leutnant im Pionier-Batl. 27.
6. Fischer-Gissot, Hauptmann im Inf.-Regt. 132.
7. Gebhardt, Leutnant im Inf.-Regt. 143.

8. v. Götze, Hauptmann im Inf.-Regt. 105.
9. Haas, Hauptmann im Feld-Art.-Regt. 84.
10. Hager, Hauptmann im Inf.-Regt. 105, 2. Schriftführer.
11. Kutzner, Hauptmann im Inf.-Regt. 136.
12. Loog, Leutnant im Feld-Art.-Regt. 51.
13. Mebert, Leutnant im Feld-Art.-Regt. 84.
14. Modes, Leutnant im Inf.-Regt. 105.
15. Pietsch, Leutnant im Inf.-Regt. 105.
16. Rohr, Hauptmann im Feld-Art.-Regt. 84.
17. Römmler, Hauptmann im Inf.-Regt. 105.
18. Säger, Leutnant im Inf.-Regt. 143.
19. v. Schimpf, Oberst und Kommandeur des Inf.-Reg. 126, Mitglied des Vorstandes.
20. Schurig, Hauptmann im Inf.-Regt. 105.
21. Seeliger, Leutnant im Feld-Art.-Regt. 84.
22. Waencker v. Dankenschweil, Exz., Generalleutnant, Führer einer Reserve-Division, von 1908—1911 1. Vorsitzender.
23. Wangemann, Hauptmann im Inf.-Regt. 105.

Ehre ihrem Andenken!

Auch sonst haben wir im verflossenen Jahre durch den Tod eine Anzahl treuer Mitglieder verloren. Ganz besonders beklagen wir das Hinscheiden dreier um die Gesellschaft sehr verdienter Mitglieder, des Geh. Archivrats Professor Dr. Wiegand, eines der Mitgründer der Gesellschaft und mehrjährigen Vorstandsmitgliedes, des Professor Dr. Rudolph, der längere Jahre das mühevolle Amt des 1. Schriftführers mit größter Gewissenhaftigkeit und Hingebung verwaltet hat, und des Oberstleutnants Herold, der ebenfalls eine Reihe von Jahren im Vorstande tätig war, der auch nach seiner Übersiedelung nach Berlin als korrespondierendes Mitglied der Gesellschaft angehörte und bis zuletzt an unseren Mitteilungen regelmäßig mitarbeitete.

Die Mitgliederzahl der Gesellschaft hat sich in den beiden Kriegsjahren naturgemäß stark vermindert. Durch Tod, Wegzug von Straßburg oder Austritt verloren wir im Laufe der beiden Jahre 70 Mitglieder. Für Werbetätigkeit dagegen war die Zeit wenig geeignet, sodaß wir nur 11 neue Mitglieder gewonnen haben. Die Mitgliederzahl ist von 525 am 1. Januar 1914 auf

466 im gegenwärtigen Zeitpunkt zurückgegangen. Davon gehören 241 gleichzeitig der deutschen Kolonialgesellschaft an. Außerdem befinden sich außerordentlich zahlreiche unserer Mitglieder zurzeit im Felde, von denen jedenfalls eine erhebliche Zahl nach der Beendigung des Krieges in andere Garnisonen versetzt werden dürfte. Wir mußten daher von der Ausgabe eines neuen Mitgliederverzeichnisses absehen und werden ein solches erst nach Friedensschluß, wo eine völlige Neuorganisation stattfinden muß, wieder ausgeben.

Am 3. Februar fand die Jahresversammlung mit der üblichen Tagesordnung statt. Die satzungsmäßig ausscheidenden Mitglieder des Vorstandes wurden einstimmig wiedergewählt, neu hinzugewählt die Herren Oberst Allmer, Oberst Kreyenberg, Oberst v. Schimpf und Oberstleutnant a. D. v. Stein. Zu unserm lebhaften Bedauern schied im März unser sehr verdienter erster Vorsitzender, Generalmajor v. Harbon, infolge seiner Übersiedlung nach Berlin aus, ebenso im Juni Herr Geheimrat Professor Dr. Hergesell, der seit Gründung der Gesellschaft ununterbrochen dem Vorstande angehört hatte, infolge seiner Berufung nach Berlin. Beiden Herren sei an dieser Stelle für ihr reges Interesse und ihre Tätigkeit in der Gesellschaft unser wärmster Dank ausgesprochen. Zum ersten Vorsitzenden wurde im Mai Herr Generalmajor v. Mertens gewählt. Außerdem ergänzte sich der Vorstand durch Zuwahl des Herrn Ministerialrat Kayser, Direktors des Oberschulrats, und des Herrn Oberstabsarztes Professor Dr. Kuhn.

Vom 1.—4. Juni tagte in Straßburg der 19. Deutsche Geographentag, an dessen Verhandlungen und Veranstaltungen sehr zahlreiche von unseren Mitgliedern teilnahmen. Bei der Eröffnungssitzung begrüßte Herr General v. Mertens die Versammlung im Namen unserer Gesellschaft und überreichte die von uns gewidmete Festschrift. Auch stellten wir für die an die Tagung sich anschließenden wissenschaftlichen Ausflüge in die Vogesen und nach Lothringen die Führer. Diese Ausflüge werden wohl für viele der Teilnehmer eine wehmütige Erinnerung bilden, da jetzt so viele der damals besuchten Gebiete durch den Krieg völlig verwüstet sind.

Infolge des Kriegsausbruches schmolz unser Vorstand stark zusammen. Sämtliche Offiziere, die ihm angehörten, zogen ins Feld. Drei von ihnen haben wir ja, wie oben berichtet, bereits durch den Tod auf dem Schlachtfelde verloren. Auch unser 1. Schriftführer, Herr Professor Dr. Gähtgens, ist seit Beginn des Krieges als Mitglied des roten Kreuzes im Felde tätig. An seiner Stelle übernahm der Berichterstatter vorläufig wieder das Schriftführeramt.

Bei Beginn des Winters trat dann an uns die Frage heran, ob wir während des Krieges unsere Vereinstätigkeit ganz einstellen oder sie wenigstens im beschränkten Umfang aufrecht erhalten sollten. Von manchen Seiten wurden Bedenken geäußert. ob in dieser gewaltigen Zeit für wissenschaftliche Vorträge Sinn und Interesse vorhanden sein würde. Auch sonst stellten sich der Abhaltung solcher mancherlei Schwierigkeiten entgegen Trotzdem kamen wir zu dem Entschluß, soweit als irgend möglich die Vereinstätigkeit aufrecht zu erhalten und auch während der Kriegszeit eine Anzahl von Vorträgen zu veranstalten. Der Erfolg hat unserer Entschließung recht gegeben. Die Vorträge waren fast durchweg recht gut besucht und fanden reges Interesse. Die von uns für die Vorträge bisher benutzte Räumlichkeit, der Vorsaal der Universitäts-Aula, stand uns leider nicht zur Verfügung, da das Universitätsgebäude zurzeit als Lazarett dient. Die Direktoren des physikalischen Instituts, die Herren Professoren Braun und Cohn, stellten uns aber bereitwilligst den großen Hörsaal ihres Instituts zur Verfügung, wofür wir ihnen auch an dieser Stelle unseren herzlichsten Dank aussprechen möchten. Zu großem Dank sind wir ferner Sr. Exz. dem Kaiserlichen Statthalter Herrn Dr. v. Dallwitz verpflichtet, der unserer Gesellschaft für die Herausgabe der Mitteilungen einen Zuschuß von 500 M. überwies. Dadurch wurden wir in den Stand gesetzt, auch in das vorliegende Heft wieder zwei wertvolle Arbeiten zur Landeskunde von Elsaß-Lothringen aufnehmen zu können.

Bericht über die Vorträge.[1])

Über einen Teil der Vorträge liegen Berichte leider nicht vor, sodaß wir sie nur kurz anführen können. Dies gilt vor allem von den während der ersten Monate des Jahres 1914 gehaltenen Vorträge. Es fanden in diesem Zeitraum die folgenden Vorträge statt:

Dienstag, den 13. Januar: Dr. Tanera-Freiburg, „Ceram, Land und Leute".

[1]) Die mit * versehenen Berichte sind Selbstreferate der Vortragenden.

Dienstag, den 20. Januar: Dr. L. Waibel-Heidelberg, „Die Forschungsreise der Deutschen Kolonialgesellschaft nach Kamerun 1911—13".

Im Auftrage der Deutschen Kolonialgesellschaft unternahmen Herr Professor Thorbecke, seine Frau Gemahlin und ich in den Jahren 1911/13 eine Forschungsreise in das innere Hochland von Kamerun. Es galt die noch wenig bekannte Landschaft Tikar östlich des Mbam geographisch zu erforschen.

Am 20. Dezember 1911 brachen wir mit 150 Trägern von Nkongsumba aus, am Endpunkte der Nordbahn, ins Innere auf. Über Dschong, Bana und Bamum erreichten wir nach einem dreimonatlichen Anmarsch unser eigentliches Arbeitsgebiet, das Land der Tikar. Kreuz und quer durchzog nun die Expedition — zum Teil getrennt — ein Jahr lang das Land. Eine Karte des ganzen Gebietes wurde durch magnetische Triangulation und Routenaufnahmen hergestellt, die Formen der Erdoberfläche waren Gegenstand unserer Untersuchung, Pflanzen und Tiere wurden gesammelt und reiches ethnographisches Material mit nach Hause gebracht.

Von Krankheit und Unglücksfällen blieb die Expedition nicht verschont. Der Leiter, Herr Prof. Thorbecke, und ich wurden von einer heftigen Ruhr befallen, die mich zwang, nach Jaunde zum Arzt zu gehen und vorzeitig die Heimreise anzutreten. Frau Thorbecke erhielt in der Nähe von Tibati mitten in der Nacht eine Speerwunde am Kopfe, die zum Glück sehr rasch heilte. Hauptsächlich dem Entgegenkommen der Regierungsstation Joko haben wir es zu verdanken, daß trotz allem unsere Expedition erfolgreich arbeiten konnte.

Das Tikarland liegt etwa 800—900 m hoch. Es ist größtenteils ein Hochplateau, das von unendlich vielen Flüssen durchzogen wird. Sie sind wenig eingeschnitten, fließen ganz oberflächlich in vielen Schnellen über das anstehende Urgestein dahin. Hie und da ragen hohe Gebirge über die weiten Flächen steil und unvermittelt empor, wie Inseln aus dem Meere. Sie sind charakteristisch für das östliche Mbamland.

Die Regen fallen in Tikar nicht das ganze Jahr über gleichmäßig, sondern sind auf eine Jahreszeit, den Sommer, beschränkt; der Winter ist trocken. Dieser jahreszeitliche Wechsel spiegelt sich scharf im Pflanzen- und Tierleben wieder. Die Trockenzeit ist die Zeit der Ruhe. Die Pflanzen verdorren, der Boden trocknet aus. Von NO her führt der Harmatten, der Wüstenwind, viel feinen Staub herbei, der sich wie ein dichter Schleier über das ganze Land legt. Dazu kommen noch die Grasbrände, die die Luft mit Asche erfüllen. Selten hat man deshalb in der Trockenzeit eine Fernsicht, allseits ist man von einem grauen Dunst umgeben.

Wenn dann nach monatelanger Trockenzeit die schweren Gewitter herniedergehen, dann erwacht die Natur zu neuem Leben. Die Bäume schlagen aus, und in wenigen Tagen stehen sie im vollen Schmuck ihrer Blätter und Blüten. Die Gräser treiben mächtig in die Höhe und bieten eine prächtige Weide für die Tiere. Büffel und Antilopen sind noch heute zahlreich auf den weiten Grasflächen. In den Wäldern, die die Flußläufe in schmalen Streifen begleiten, kommen Affen häufig vor.

Die Tikar, die Bewohner dieses Savannenlandes, sind wie alle Sudanneger ein großer, schön gebauter Menschenschlag. Ihre Haltung ist frei, ihr Gang elastisch. Besonders unter den Frauen trifft man oft wahre Schönheiten. Von Charakter sind sie heiter und waren uns gegenüber immer freundlich gesinnt. Haben sie es doch den Weißen zu verdanken, daß die mohammedanischen Sklavenjäger nicht mehr ihr Land verwüsten, die Felder zerstören, die Männer töten und Frauen und Kinder in die Gefangenschaft wegführen! Jetzt herrscht Ruhe im Lande, und die Tikar gehen einer gedeihlichen Entwickelung entgegen. Die Tikar leben hauptsächlich von Ackerbau, die Jagd tritt zurück, ebenso die Viehzucht. Hirse und Mais werden hauptsächlich gebaut, doch kommt auch überall die Mehlbanane vor. Alle Feldarbeit wird von den Frauen verrichtet. Die Männer bauen die Häuser, gehen auf Jagd, und im übrigen faulenzen sie.

Politisch ist das Land in Gaue eingeteilt, die unter der Leitung eines größeren Häuptlings stehen. Ein solcher ganzer Stamm wohnte in Kriegszeiten in einer einzigen Stadt, innerhalb Wall und Graben. Da drinnen trieben sie Ackerbau und Viehzucht, und draußen vor den Wällen taten die Feinde das Gleiche. So hat Nyamba unter Leitung eines tüchtigen Häuptlings 9 Jahre lang den mohammedanischen Fullahs standgehalten. An Troja und seine Belagerung durch die Griechen wird man hierbei erinnert, und in der Tat gleichen die Lebensverhältnisse wie wir sie im Tikarlande antreffen, in mancher Beziehung altgriechischen oder römischen Zuständen.

Das Tikarland ist heute, wie das ganze Grasland überhaupt, tot. Wenig Verkehr und Leben herrscht, im Gegensatz zu dem kautschukreichen Walde im Süden der Kolonie.

Doch wenn wir Bahnen bauen, dann wird sich auch das Grasland entsprechend seinen Naturverhältnissen entwickeln. Der Anbau von Baumwolle, Sisalagaven, vielleicht auch Weizen und Bergreis, wird sich zweifellos lohnen. Vor allem aber wird die Viehzucht gut gedeihen. Eine weiße Bevölkerung wird sich in dem gesunden Hochlande dauernd niederlassen können. Man darf hierbei natürlich nicht an europäische Kleinsiedler denken; aber kapitalkräftige Leute, die mit Hülfe der Schwarzen ihr Land bestellen, werden in Zukunft in recht großer Zahl im Grasland leben können, etwa wie dies heute in ähnlichen Gebieten Indiens und Brasiliens der Fall ist. Leo Waibel.

Dienstag, den 3. Februar: Frau Cäcilie Seler-Berlin „Auf den Hochländern von Peru und Bolivia“.

Dienstag, den 17. Februar: A. v. Schultz-Giessen, „Meine letzte Pamir-Expedition 1911/12“.

Am Knotenpunkt der gewaltigsten Ketten Asiens Tienschan, Kuen-lün, Himalaya und Hindukusch erhebt sich in 3500 m Seehöhe das Hochland Pamir. Nach seiner Lage im Kontinent gehört dieses rund 100000 qkm große Gebiet in seinem östlichen Teil dem zentralen, abflußlosen, — in seinem westlichen dem peripherischen, einen Abfluß besitzenden Teile Asiens an. Die gewaltigen Auffaltungen des Mus-tag-Himalaya und Kuen-lün im östlichen Pamir, die Ketten von durchschnittlich 5—6000 m Kammhöhe bilden, erzeugen so gute Kondensatoren der feuchten, westlichen Luftströmungen, daß sie lebenskräftigen Flußläufen die nötige Nahrung geben können. Es entwickelten sich somit auch hier im morphologischen Sinne peripherische, abfließende Gebiete, also Landschaften, aus denen der Schutt hinausbefördert werden kann und die durch diesen Umstand ein frisches, alpines Aussehen ihres reich gegliederten Reliefs erhalten. Im Gegensatz zu ihnen und den westlichen tiefeingeschnittenen Tälern des Pamir, also seinen morphologisch peripheren Gebieten steht der innere, zentrale Pamir. Obwohl größtenteils ebenfalls wie der Westen von den Quellflüssen des

Amudarja entwässert, besitzt er durchweg den Typus abflußloser zentraler Landschaften, da erst in geologisch jüngster Zeit die rückwärtsschreitende Erosion von Westen her ihn angegriffen hat. Wirkung von Insolation und Spaltenfrost läßt die Berge schnell verwittern. Der Schutt hüllt sie ein, dringt in die Depressionen hinaus und kann nicht im Gegensatz zu den einen guten Abfluß besitzenden Landschaften von den sich mühsam durchringenden Bächen hinausgeschaft werden. Im zentralen Pamir somit vorherrschende Einebnung, im peripheren Zertalung. Im ersteren flache Sohlen oder Muldentäler und weite zum Teil mit Seen erfüllte Becken, in letzterem enge bis 1500 m herabsteigende Kerb- und Sohlentäler. Die Aufschüttungs- und Ausräumungsformen von früheren, nachweisbar 2, Vereisungen spielen im Landschaftsbild des Pamir eine beträchtliche Rolle: im peripheren — U-Täler, Kare, Moränenwälle, im zentralen außerdem noch weite Grundmoränenlandschaften. Durch Quellen erzeugte Eisfelder in einigen etwa 4000 m hohen Tälern treten auf. Die Schneegrenze liegt heute rund 500 m über der tiefsten eiszeitlichen in durchschnittlich 4500 m. Ein Ansteigen derselben von W. nach O. und von S. nach N. ergibt sich aus der Lage des Pamir im Kontinent. Die heutigen Gletscher sind stark zurückgegangen, einige zeigen erneutes Vorrücken und Aufwölben ihrer Zungen. Die fluviatilen Ablagerungen sind in Form von Terrassen besonders im peripheren Gebiet gut erhalten; sie ordnen sich in 4 Gruppen ein, wobei die höchsten durchschnittlich 150 m über der heutigen Talsohle liegen. Im zentralen Pamir sind sie seltener erhalten. Gut gerundete Gerölle weisen auf ihre einstige Höhe und ihren Verlauf hin.

Der zentrale Pamir liegt durchweg über der Grenze des Baumwuchses: nur spärliche Kräuter und Gräser gedeihen und ermöglichen den nomadisierenden mongolischen Kirgisen mit ihren Schaf- und Ziegenherden ihr Leben zu fristen. Das zusammenlegbare, runde Filzzelt, die Jurte, wird auf Kamelen, Yaks oder Pferden von den für jede Familie bestimmten Sommerweiden nach den geschützteren Winterplätzen transportiert. Die Nomaden leben vorwiegend von den Milchprodukten ihrer Tiere, Fleisch wird nur bei besonderen Gelegenheiten gegessen. Im Winter ersetzt die Jagd auf Wildschafe die ausfallende Quantität der Milch. Im peripheren, tiefer gelegenen, mit Gestrüppwäldern und reicherer Vegetation ausgezeichneten Pamir wird es ansässigen Tadschik arisches Blutes möglich, die Terrassen und Schuttkegel mit Hilfe künstlicher Bewässerung zum Ackerbau nutzbar zu machen. Diese entlegenen Hochtäler in der Nähe der Durchgangspforte zwischen West- und Ostasien haben im kriegerischen Gewoge der Völker als beliebter Zufluchtsort gedient. Die arische Bevölkerung hat hier ihren Typus auffallend rein erhalten. Das Studium der fast ausschließlich in einer Holzkultur lebenden Pamirtadschik gibt Aufschlüsse über alte indogermanische Kulturzustände.

Der ganze Pamir ist von etwa 30 000 Tadschiks und 3000 Kirgisen bewohnt. Wirtschaftlich ist er ganz ohne Bedeutung. Rußland hat sich seinen größten Teil angeeignet, um eine Zugangspforte nach Indien zu haben. 1895 hat es aber England durchgesetzt, die strategische Bedeutung des Pamir für Rußland fast illusorisch zu machen. Indem nämlich eine schmale Zone neutralen Gebietes, nominell Afghanistan gehörig, zwischen die russischen und englischen Besitzungen geschoben wurde, gingen die Pässe des Hindukusch für Rußland verloren. Nicht mehr Erfolg hatte die russische Diplomatie im Osten des Pamirs, wo sie, aus Unkenntnis des Landes, den einzigen bequem nach Indien führenden Weg, auf englischen Druck hin, China überließ. Die ursprünglich drohend nach Indien hingeschobene Faust ist ein zweckloser Stumpf geworden, der durch die Unterhaltung der Militärstationen Unsummen verschlingt. A. v. Sch.

Dienstag, den 3. März: Professer Dr. Thumb-Straßburg, „Das Bergland der Sphakiolen auf Kreta“.

Den Vortragsreigen im Winter 1914/15 eröffnete am 3. November Herr Professor Dr. Th. Koch-Grünberg (Freiburg), durch einen Vortrag über seine Reise in Brasilien 1911—13, der durch kinematographische und phonographische Vorführungen neben zahlreichen, vorzüglichen Lichtbildern besonders anschaulich war.*

Die Reise begann im Juni 1911 mit einer Untersuchung des Flußgebietes des Rio Branco, des größten linken Nebenflusses des Rio Negro, in Nordbrasilien. Der Vortragende schilderte zunächst die weiten Savannen und die an großartigen Naturschönheiten reichen Gebirgsgegenden nördlich vom Rio Branco, die ihren Glanzpunkt finden in den gewaltigen Sandsteingebirgen Roroima, auf der Grenze von Brasilien, Venezuela und

Britisch Guayana. Er gab dann ein Bild von den unendlichen Mühseligkeiten und Gefahren der Fahrt westwärts auf dem fast ausgetrockneten Rio Uraricuéra, dem Hauptquellflusse des Rio Branco, und des durch unzureichende Ernährung, Krankheiten, ununterbrochene Regengüsse und Feindseligkeiten der Indianer außerordentlich erschwerten Marsches über die wilden Gebirgszüge der Wasserscheide zwischen Amazonas und Orinoco. Diesen erreichte die Expedition über den bisher unbekannten Lauf seines großen rechten Nebenflusses Ventuarí am 1. Januar 1913, nachdem man 13 Monate keinen Weißen gesehen hatte. Durch den Casiquiare, die Bifurkation, gelangte man wieder zum Rio Negro und verfolgte diesen abwärts bis Manaos, dem Ausgangspunkt dieser fast zweijährigen Reise.

Auf dieser Reise wurden zahlreiche Indianerstämme besucht, die zum Teil nie Weiße gesehen hatten und ein ganz ursprüngliches Leben führten. Unter einzelnen Stämmen hielt sich der Reisende monatelang auf und konnte auf diese Weise genaue Beobachtungen machen über ihre Sitten und Gebräuche und großes Material sammeln über Sprache, Zauberwesen, Mythen und Legenden.

Den Lebensunterhalt liefert den ansässigen Indianern in erster Linie die Maniokwurzel, in deren Anbau und Verarbeitung sich Mann und Frau teilen. Die animalische Kost wird durch Fischfang und Jagd erworben. Meistens werden die Fische noch auf alte, edle Weise mit Bogen und Pfeil erlegt. Die Hauptjagdwaffe ist bei den ansässigen Stämmen das Blasrohr, aus dem mit Curare vergiftete Pfeilchen geschossen werden, bei den streifenden Stämmen des Uraricuéra riesige Bogen und Pfeile mit Bambusspitzen. Die Korbflechterei steht bei den ansässigen Stämmen in großer Blüte. Baumwolle wird mit einfachen Spindeln gesponnen. Aus den Fäden werden Hängematten gewebt. Die Töpferei ist wenig ausgebildet. Die Tongeräte werden auf ursprüngliche Weise durch Aufeinanderlegen von Tonrollen hergestellt. Während die streifenden Stämme unter elenden Windschirmen hausen, wohnen die ansässigen Indianer in wohlgebauten, großen Sippenhäusern mit spitz zulaufendem Palmstrohdach. Bei Todesfällen wird das Haus vor dem Zorn der bösen Geister verlassen. Der Vortragende zeigte den Neubau eines Hauses in allen seinen Phasen. Bevor das fertige Haus bezogen wird, werden alle Bewohner ausgepeitscht, um sie vor Krankheiten zu bewahren. Außerdem finden freundschaftliche Ringkämpfe mit den Gästen statt.

Kurze Bemerkungen über die mythologischen Vorstellungen der Indianer schlossen den Vortrag, der von zahlreichen Lichtbildern begleitet war. Darauf folgten phonographische Vorführungen von indianischen Gesängen und Musikstücken und kinematographische Bilder des Lebens und Treibens in den Indianerdörfern.

Am Dienstag, den 17. November sprach Herr Professor Dr. Uhlig-Tübingen über „Klima und Pflanzenwelt Deutsch-Ostafrikas". Der Redner, der als langjähriger Leiter des meteorologischen Landesdienstes in Deutsch-Ostafrika besonders berufen für die Behandlung dieses Gegenstandes ist, verstand es, ein außerordentlich klares Bild von den verschiedenen klimatischen Verhältnissen in den einzelnen Teilen Deutsch-Ostafrikas, sowie von der Verbreitung und den charakteristischen Eigentümlichkeiten der einzelnen Pflanzenformationen zu entwerfen. Zahlreiche Karten und Bilder unterstützten dabei das gesprochene Wort.

Für den 8. Dezember hatte uns Herr Professor Dr. Braun einen Vortrag über drahtlose Telegraphie und ihre Verwendung zugesagt. Da er aber unerwartet im Auftrage der Reichsregierung eine Reise nach den Vereinigten Staaten antreten mußte, hatte unser 2. Vorsitzender Herr Professor Dr. Sapper die Liebenswürdigkeit, für ihn einzutreten und uns durch einen fesselnden Vortrag über Island und seine Vulkane zu erfreuen.*

In einsamer Größe liegt Island im fernen Weltmeer an der Grenze des Polarkreises. Es ist ein Geschenk des Vulkanismus: Gewaltige Lavagüsse haben im Miozän die Insel aufzubauen begonnen, explosive Ausbrüche haben im Pleistozän in einem Transversalstreifen große Absätze von Palagonittuffen erzeugt, und infolge des verschiedenen Wiederstands gegen die abtragenden Kräfte des Gebiets stehen nun die Gebilde dieser Regionen durch ihre schroffen, oft bizarren Oberflächenformen in starkem Gegensatz zu dem Plateaucharakter der aus horizontalen oder nur flach geneigten Basaltbänken aufgebauten älteren Inselteile. Der moderne Vulkanismus hat neue Gestalten, schildförmige Lavavulkane und kegelförmige Lockervulkane hervorgeworfen, Wind und fließendes Wasser einige wenig ausgedehnte Tiefebenen hinzugefügt. Wenig ausgedehnt ist auch die Flachküste; meist brandet das stürmische Meer an gewaltige Steilwände, soweit dieselben nicht stille, tiefeindringende Fjorde umsäumen.

Die mittlere Höhe dieser 100000 qkm umfassenden Insel mag gegen 600 m betragen. Das bedeutet in Anbetracht der verhältnismäßig niedrigen Temperaturen, die in diesen hohen Breiten trotz der Begünstigung durch Ausläufer des Golfstroms herrschen, daß die zentralen Teile der Insel äußerst arm an höheren Pflanzen sind, also eine große, jeder Wirtschaft trotzende Wüste darstellen. Aber das Klima ist hier mild genug, um in den Randgebieten eine für Pferde-, Vieh- und namentlich Schafzucht genügende Vegetation hervorzurufen; im kälteren Hochland des Innern bringen jedoch die Niederschläge, soweit sie nicht in dem durchlässigen vulkanischen Boden verschwinden nur reißende Ströme und auf den Höhen gewaltige Plateau- und Schildgletscher hervor. Die Rinnen, die sich tief einschnitten, die klimatischen Wandlungen mit ihren mehrmaligen Vereisungen und mehrfachen Niveauschwankungen des Gesammtgebiets haben den Oberflächenraum der Rieseninsel nachträglich vielfach stark weiter umgestaltet.

Die Pflanzenwelt Islands ist nordisch; Wald nur in windgeschützten Talmulden möglich; die Tierwelt des Landes ist arm, die des Meeres aber ist sehr reich an Fischen und Seesäugetieren aller Art.

So kommt es, daß der Mensch, der sich seit 874 n. Chr. auf der Insel dauernd heimisch gemacht hat, naturgemäß ganz auf das Randgebiet beschränkt ist und hauptsächlich auf Fischfang und Viehzucht, sowie die Verarbeitung der Ergebnisse derselben angewiesen war und ist. Und es muß mit Befriedigung hervorgehoben werden, daß das kräftige Volk der Isländer trotz der klimatischen Schwierigkeiten, trotz der während des Winters so sehr gekürzten Tagesdauer und trotz der furchtbaren Schädigungen, die einzelne Vulkanausbrüche bestimmten Gebieten, der des Laki 1783 aber der Gesamtinsel gebracht haben, in neuester Zeit wirtschaftlich und geistig eine sehr hohe Stufe erreicht haben, nachdem auf die glänzende Blüte ihres Freistaats am Anfang des 2. Jahrtausends n. Chr. eine langdauernde wirtschaftliche und geistige Depression in Folge von Fremdherrschaft und Handelsmonopol über dasselbe hereingebrochen war.

Volk und Land der fernen subpolaren Insel sind für uns von gleich großem Interesse, und wenn das Volk durch seinen geistigen Hochstand und seine Energie wie seine unübertreffliche Vaterlandsliebe uns sympathisch ist, so zieht uns die isländische Landschaft und Natur in ihrer herben Schönheit und ungebändigten Kraft in nicht geringerem Grade an. Niemand, der Island und die Isländer näher kennen gelernt hat, wird dem Volke Hochachtung, dem Lande tiefstgehendes Interesse versagen können.

K. Sapper.

Montag, den 25. Januar 1915 sprach Herr Marinepfarrer a. D. Wangemann über „Türkei, Land und Leute“, wobei er namentlich auch auf die geschichtliche Entwickelung der Türkei und ihrer Beziehungen zu Deutschland näher einging. Derselbe Redner hatte schon am Nachmittag des gleichen Tages die große Liebenswürdigkeit gehabt, im großen Saal der Aubette für die Verwundeten einen durch zahlreiche Lichtbilder erläuterten Vortrag über „Die deutsche Flotte“ zu halten.

Am Dienstag, den 2. Februar hielt Herr Dr. Hennig-Berlin einen gerade unter den gegenwärtigen Verhältnissen besonders interessierenden Vortrag über „Das deutsche Seekabelnetz“.*

Die Erkenntnis, daß die großen Weltkabellinien, obwohl sie für den friedlichen Weltverkehr der Völker untereinander bestimmt sind, eine noch ungleich wichtigere nationale und politische Bedeutung haben, ist auch bei den Fachleuten und Politikern von Beruf noch durchaus nicht alt. Erst in den 90er Jahren des vorigen Jahrhunderts erwachte das Bewußtsein davon langsam in weiteren Kreisen. Bis dahin hatte man unbesorgt ein einziges Volk die Welt mit überseeischen Telegraphenlinien so gut wie ausschließlich versorgen lassen. Man freute sich der rührigen Tätigkeit der Engländer, die auf eigenes Risiko und Gefahr hin den sämtlichen Kulturvölkern bequeme Telegraphenlinien nach allen Teilen der Welt boten, aus deren Benutzung dann allerdings auch dem britischen Nationalvermögen hübsche Summen zuflossen. Wir können heut gar nicht genug Bewunderung hegen für den Weitblick und Scharfsinn der englischen Regierung, welche Jahrzehnte früher als alle anderen Kulturnationen diese Entwicklung kräftig unterstützte und sich auf solche Weise still und geräuschlos in der Eroberung der Welt für die britischen Interessen einen ganz enormen Vorsprung sicherte und allen übrigen Völkern den Rang in einer gar nicht wieder gut zu machenden Weise ablief.

Außerhalb Englands erkannte man dies bis zu den 90er Jahren noch ganz und gar nicht. Man sah vielmehr jahrzehntelang in den Kabeln nur Werke des Friedens. Bezeichnenderweise wurde noch im Jahre 1884 auf dem Pariser Telegraphenkongreß eine Anregung, man möge die rechtliche Stellung der Seekabel im Kriege klarlegen, auf Veranlassung Deutschlands mit der Begründung beiseite geschoben, derartige Fragen würden sich im Ernstfall „ganz von selbst" regeln!

Damals hatten bereits alle Kulturstaaten ihre Küstenmeere mit Kabeln durchzogen, die Brücken zu den nächst benachbarten Ländern und Landesteilen schlugen. Einzig und allein in England aber war man weitsichtig genug, die telegraphischen Verbindungen nicht nur auf die unmittelbarsten und nächsten Bedürfnisse zu beschränken, einzig dort ahnte man bereits, welche weltbeherrschende Macht in diesen zunächst scheinbar nur dem Handelsverkehr dienenden Metallsträngen steckte, und begünstigte und förderte darum in allen Teilen der Erde britische Kabelunternehmungen größten Stils. Das Risiko und den meist recht guten Verdienst bei derartigen Unternehmungen überließ die britische Regierung dem Privatkapital; unzweifelhafte und unrentable, aber wichtige Verbindungen unterstützte sie finanziell und sicherte sich durch weise erdachte, weitblickende Konzessionsverträge mit den Privatunternehmern das in der Folge höchst bedeutungsvoll gewordene Recht, im Kriegsfall oder in besonders wichtigen politischen Momenten die Kabel in eigene Verwaltung zu übernehmen und nach Gutdünken ganz oder teilweise für jeden Privatverkehr zu sperren.

Die übrigen Nationen ahnten zunächst nicht, welche gewaltige Gefahr für sie diese kluge Kabelpolitik Englands in sich barg. Dankbar begrüßte man jedes neue englische Kabel als eine schätzenswerte Erweiterung des Verkehrs und dachte nicht daran, daß eines Tages dies friedliche Verkehrsmittel eine furchtbare Waffe in der Hand des Gegners zu werden vermöchte.

England selbst war es, das in den neunziger Jahren plötzlich die Fanfare in die ahnungslose Welt ertönen ließ und wiederholt seine nahezu vollständige Allmacht in der Kabelbeherrschung zu national-politischen Zwecken in einer für die übrigen europäischen Völker außerordentlich schmerzlich fühlbaren Weise ausnutzte. Seit 1893 häuften sich die politischen Rücksichtslosigkeiten Englands in der Ausnutzung seiner Kabelmacht in besorgniserregender Weise. Das britische Weltkabelnetz war jetzt in seinen wichtigsten Teilen ausgebaut; die Zahl und Bedeutung der britischen Kolonien und ihre wundervoll gleichmäßige Verteilung über die Verkehrsstraßen der Erde sowie die britische Flotte garantierten die absolute Unangreifbarkeit der Kabel in Krieg und Frieden und die unbedingte Herrschaft Englands zur See im Falle eines Krieges, zumal angesichts der Rückständigkeit aller übrigen Völker im Ausbau eigener Kabelverbindungen; obendrein hatten sich die englischen Kabelgesellschaften in zahlreichen nicht-britischen Gebieten vertraglich das ausschließliche Recht zur Landung von Kabeln gesichert, womit den übrigen Nationen von vornherein die Möglichkeit zur nachträglichen Schaffung eigener Kabelnetze abgeschnitten oder doch außerordentlich erschwert war.

Seit 1893 bis zum Ausbruche des Burenkrieges verging kaum ein Jahr, in dem nicht den Völkern mit immer steigender Deutlichkeit vorgehalten wurde, was von England in Krieg und Frieden zu fürchten war, und wohin der Mangel nationaler, unabhängiger Kabelnetze schließlich führen mußte.

Zunächst war es allein Frankreich, dessen Depeschenverkehr wiederholt unter den Schikanen seines vielfachen kolonialen Nebenbuhlers zu leiden hatte. Schon 1885, gelegentlich seiner Expedition in Tonking, hatte sich ihm die Abhängigkeit von den englischen Kabeln unangenehm fühlbar gemacht; 1893 im Konflikt mit Siam aber mußte die französische Regierung es gar erleben, daß ein äußerst wichtiges und dringendes Telegramm an ihren Admiral Humann, das ein Ultimatum für die siamesische Regierung enthielt, durch die englische Kabelgesellschaft „Eastern Telegraph Company“ zunächst nach London gemeldet und nicht eher an den Adressaten befördert wurde, als bis die britische Regierung, deren Interessen in Siam den französischen zuwiderliefen, ihr Visum beigefügt hatte. Dies geschah natürlich erst, nachdem man in London die erforderlichen Gegenmaßnahmen angeordnet hatte. Im nächsten Jahre erlitt die französische Politik aus dem gleichen Grunde eine ebenso empfindliche

Schlappe. Am 6. Juni 1894 starb ganz unerwartet der Sultan von Marokko, Mulai Hassan; aber volle sechsunddreißig Stunden schwiegen die britischen Kabel über dies politisch bedeutsame Ereignis, bis man in London Stellung zu der neuen Lage der Dinge genommen und den Vorsprung der schnelleren Berichterstattung weidlich ausgenutzt hatte. Dann erst gab man die Nachricht an die übrige Welt und vor allem an das zumeist interessierte Frankreich, den alten Nebenbuhler Englands in Marokko, weiter. Naturgemäß war die französische Regierung gegenüber solchen politischen Willkürakten der britischen Diplomatie völlig machtlos und mußte sie schweigend über sich ergehen lassen, so sehr sie auch schmerzten.

Im folgenden Jahre 1895 bekam auch Deutschland die Übermacht Englands zu kosten. Man stand unmittelbar vor dem Einfall der Jamesonschen Scharen ins Transvaal-Gebiet, als am 28. Dezember plötzlich und ohne vorhergegangene Ankündigung der gesamte Verkehr von und nach Transvaal für alle nichtbritischen Telegramme gesperrt wurde. Jamesons Unternehmen fand dann bekanntlich am Neujahrstage 1896 bei Krügersdorp ein unrühmliches Ende — die Folge davon war eine abermalige, eine volle Woche lang anhaltende Sperrung des Depeschenverkehrs von und nach Transvaal. Das berühmte Telegramm Kaiser Wilhelms II. an den Präsidenten Krüger, das die Glückwünsche zum Krügersdorper Sieg enthielt, wurde zwar nach Pretoria befördert, jedoch erst, nachdem es nach London gemeldet und dort sogar schon durch Extrablätter publiziert worden war. Ebenso war einige Jahre später die Ermordung des deutschen Gesandten in Peking, des Freiherrn v. Ketteler (20. Juni 1900), in London bereits längst öffentlich bekannt gegeben, bevor man in dem nachstbeteiligten Deutschland irgend eine Meldung erhalten hatte.

Der spanisch-amerikanische Krieg vom Jahre 1898 zeigte dann zum erstenmal, welche ungeheure strategische Bedeutung den unabhängigen Kabelverbindungen zukommt. Mit Recht nannte der Amerikaner Squier diesen Krieg einen „war of coals and cables"; denn der Mangel an eigenen Kabeln war es in erster Linie, der Spanien seine Stellung als koloniale Großmacht kostete. Zwei Telegramme des spanischen Marineministers Bermejo an den bei Martinique kreuzenden Admiral Cervera, deren eins ihm Kohlenvorräte nachwies, während das andere ihn ermächtigte, nach Europa zurückzukehren, erreichten den Adressaten nicht, da sie von den Amerikanern abgefangen wurden. Dies geriet der spanischen Flotte zum Verderben, denn Cervera wurde infolgedessen gezwungen, sich in die Mausefalle von Santiago zu verkriechen, aus der er nicht wieder heil entschlüpfen sollte. Wäre Spanien durch ein nationales Kabel mit Kuba verbunden gewesen, so wäre Cerveras Flotte rechtzeitig nach der Heimat zurückgekehrt, und Spanien hätte seine Flotte und vielleicht auch seine Kolonien gerettet!

Im Jahre 1899 brach der Burenkrieg aus, in dessen Verlauf die Willkür und Rücksichtslosigkeit der britischen Kabelherrschaft ihren Höhepunkt erreichte. Am 18. Oktober 1899 richtete England eine militärische Depeschenzensur in Aden ein, die den gesamten internationalen Telegrammverkehr mit ganz Ost- und Südafrika einer äußerst strengen Kontrolle unterwarf. Kodierte Telegramme wurden überhaupt nicht mehr befördert, alle andern nur dann, wenn sie absolut unverdächtig waren. Von diesen Maßregeln wurden aber nicht nur die von und nach dem Kriegsschauplatz bestimmten Depeschen betroffen, sondern selbst der Telegrammverkehr mit neutralen Ländern, die vom Kriegsschauplatz durch Tausende von Kilometern getrennt waren, mit Deutsch-Ostafrika, Madagaskar usw.

Diese bitterbösen Erfahrungen der Jahre 1899 und 1900 schlugen endlich dem Faß den Boden aus. Allenthalben erscholl jetzt der Ruf: „Los von England!“, am lautesten in Deutschland und Frankreich, den beiden mächtigsten Konkurrenten Englands im Welthandel und in der Weltpolitik.

Nachdem die volle Erkenntnis der Gefahr einmal festen Fuß gefaßt hatte, war es für Deutschland und Frankreich ein Gebot der nationalen Selbsterhaltung, sich je eher je lieber aus den unwürdigen Fesseln der britischen Bevormundung zu befreien.

Um seinen Hauptzweck zu erreichen, Deutschland durch ein nationales Kabel mit Nordamerika zu verbinden, hatte das Reichspostamt mannigfache ungewöhnlich große Schwierigkeiten zu überwinden, z. B. bei der Erwerbung des Kabellandungsrechtes auf den Azoren. Man war gezwungen, hier einen Stützpunkt für das geplante Kabel zu suchen, weil die direkte Entfernung von Emden bis New York zu groß war, als daß man an eine Verlegung des Kabels in einer Länge hätte denken können, und weil man ein Anlaufen britischen Territoriums auf alle Fälle vermeiden wollte. Nun befand sich aber das Recht, Kabel auf den Azoren zu landen, schon im ausschließlichen Besitz der Telegraph Construction and Maintenance Company, die es von der portugiesischen Regierung gekauft hatte. Von dieser Gesellschaft mußte man das Kabellandungsrecht erst erwerben; es gelang dies auch — freilich bestand der Preis der Konzession darin, daß die Lieferung und Verlegung des neuen deutschen Kabels der englischen Kabelgesellschaft übertragen werden mußte!

Am 21. Februar 1899 wurde auf Anregung des Reichspostamtes die „Deutsch-Atlantische-Telegraphengesellschaft“ gegründet, am 27. Mai weiterhin die erste deutsche Gesellschaft, die sich der Fabrikation von Seekabeln widmen wollte, die „Norddeutschen Seekabelwerke“ in Nordenham an der Weser, und am 9. November desselben Jahres lief der erste deutsche Kabeldampfer dieser Gesellschaft, der „v. Podbielski“, in Newcastle vom Stapel, freilich nur ein kleines Schiff, das größeren Verlegungsarbeiten nicht gewachsen war. Im Sommer 1900 wurde das atlantische Kabel von britischen Schiffen verlegt und am 1. September desselben Jahres dem Verkehr übergeben. Im gleichen Jahre und im folgenden verlegte der „v. Podbielski‘ einige von den Norddeutschen Seekabelwerken schon fertiggestellte kürzere Kabel, u. a. zwei Kabel in China, Tsingtau—Tschifu, sowie Tsingtau-Schanghai.

Das erste deutsch-atlantische Kabel brachte so vorzügliche pekuniäre Erfolge, daß schon sehr bald zur Bewältignng des großen Verkehrs an eine Verdoppelung des Kabels gedacht werden mußte. Dieses konnte man, da man die Landungsrechte auf den Azoren besaß und in den Norddeutschen Seekabelwerken eine leistungsfähige Fabrik hatte, selbst anfertigen, und da am 29. Dezember 1902 in Stettin ein größerer deutscher Kabeldampfer, der „Stephan“, vom Stapel lief, auch selbst verlegen. Die Verlegung erfolgte in den Jahren 1903 und 1904, und am 1. Juni 1904 ist auch dieses zweite atlantische Kabel, das erste, das wirklich in jeder Beziehung den Namen eines „deutschen Kabels“ verdient, glücklich fertiggestellt und dem Betrieb übergeben worden. Seine gesamte Länge beträgt 7991 km.

Von überseeischen Gebieten gab es nächst dem für unsere Handelsbeziehungen naturgemäß wichtigsten Lande Nordamerika kein anderes, das politisch und wirtschaftlich dauernd von so hoher Bedeutung für uns war, wie Ostasien. Hierher führten seit mehr als 30 Jahren zwei verschiedene Kabelwege, erstens die englischen Kabel im Indischen Ozean und zweitens die transsibirische Landlinie der „Großen Nordischen Telegraphengesellschaft“ mit ihrem anschließenden, von Wladiwostok über Nagasaki bis Hongkong hinabreichenden Kabelnetz. Da aber die sibirische Linie früher recht unzuverlässig arbeitete und den Anforderungen des modernen Verkehrs oft genug sehr wenig entsprach, so war man auch im Depeschenverkehr mit Ostasien nicht wesentlich besser gestellt, als bei anderen überseeischen Gebieten, und war auf die englischen Kabel so gut wie ausschließlich angewiesen. Eine Möglichkeit, auch hier die britische Kabelvorherrschaft abzuschütteln, eröffnete sich für uns Deutsche, als die Amerikaner 1902 ihr großes Kabel durch den Stillen Ozean verlegten, das ihnen eine unmittelbare telegraphische Verbindung mit den kurz zuvor von Spanien abgetretenen Philippinen sichern sollte. Dieses amerikanische Pacific-Kabel wurde am 4. Juli 1903 dem Betrieb übergeben; da es aber auf den Philippinen endete und von dort aus nach dem übrigen Ostasien nur über englische Kabel eine Fortsetzung fand, konnte es für uns ohne weiteres noch nicht als Ersatz für die britischen Telegraphen in Betracht kommen. Unsere Kabelinteressen deckten sich ziemlich vollständig mit denen unseres Nachbarlandes Holland, das in eben diesen Gegenden, im Sunda-Archipel, seine besten und wertvollsten Kolonien besitzt. Auch Holland empfand es ungemein drückend, daß es im Verkehr mit seinem kostbarsten Landbesitz auf Gnade und Ungnade abhängig war von den Kabelsträngen derjenigen Nation, deren Blicke wohl schon oftmals begehrlich auf dem fetten Bissen in der Sunda-Straße geruht haben mochten. Das Zusammenklingen der deutschen und der holländischen kolonialen und wirtschaftlichen Interessen führte zu einem höchst bemerkenswerten, in der Geschichte der Kabelpolitik bis dahin unbekannten politischen Bündnis zweier Staaten, das lediglich ein gemeinsames Vorgehen bei Schaffung neuer Telegraphenverbindungen bezweckte.

Die Norddeutschen Seekabelwerke haben im fernen Osten geradezu Erstaunliches geleistet und die gewaltigen Schwierigkeiten einer Kabelverlegung in so fernen Gegenden und in den größten Tiefen des ganzen Weltmeers, wo das Kabel bis in die ungeheuren Tiefen von 7000 und 8000 Metern hinabgesenkt werden mußte, spielend überwunden.

Im Frühjahr und Herbst 1905 erfolgte die Verlegung der genannten deutsch-holländischen Kabel, und seit dem 24. Oktober 1905 ist mit der glücklichen Beendigung der Kabelverlegung zwischen Schanghai und Jap ein Ring von nicht britischen Telegraphen um die Erde geschlossen worden.

In den letzten Jahren war es die vornehmste Aufgabe der deutschen Kabelpolitik, uns vor allem im Verkehr mit dem östlichen Südamerika auf eigene Füße zu stellen und der ebenso unwürdigen wie gefährlichen Abhängigkeit vom guten Willen der englischen Kabelbeherrscher auch hier ein Ende zu machen.

Für ein nach dem Südatlantischen Ozean geplantes Kabel bot sich als die am günstigsten gelegene Unterbrechungsstelle die Gruppe der Kanarischen Inseln dar, und zwar vornehmlich die wichtigste dieser Inseln, Teneriffa.

Am 27. August 1908 wurde die Deutsch-Südamerikanische Telegraphengesellschaft gegründet, die, wie alle deutschen Seekabelunternehmungen der Gegenwart, ihren Sitz in Köln hat.

Im Sommer 1909 wurde dann das Kabel Emden—Teneriffa durch den „Stephan“ verlegt, und am 26. August 1909 erfolgte seine Betriebseröffnung, und am 21. März 1910 wurde eine Fortsetzung der Kabellinie dem Verkehr übergeben, die von Teneriffa an die afrikanische Küste, und zwar nach Monrovia, der Hauptstadt der Negerrepublik Liberia, verläuft.

Die Wahl von Monrovia als Station des deutschen Kabels bedarf einer besonderen Erklärung. Die Zwischenstation Teneriffa genügte nämlich nicht für die Anlage des nach den deutschafrikanischen Kolonien und nach Südamerika strebenden Kabelnetzes; man mußte noch eine weiter südlich gelegene suchen. Nun ist aber die für eine weitere Landung in Betracht kommende Guinea-Küste bekanntlich fast durchweg zwischen England und Frankreich aufgeteilt, deren Gebiet man jedoch prinzipiell zu vermeiden wünschte, um nicht in politisch aufgeregten Zeiten die Sicherheit der Kabelverbindung unter Umständen zu gefährden. Als unbedingt neutraler Boden, für den Fall innereuropäischer Verwicklungen, kam von den an der Guinea-Küste gelegenen Ländern nur die Negerrepublik Liberia mit ihrer an der Küste gelegenen Hauptstadt Monrovia in Betracht.

Von Monrovia ist dann ein weiteres deutsches Kabel quer

über den Ozean nach Pernambuco verlegt worden. Auch diese Verlegung, die am 18. März 1911 beendet war, ging glatt und wunschgemäß vonstatten. Am 29. März wurde das Kabel dem Betrieb übergeben.

Die Gesellschaft wünschte ferner ihr Kabel von Monrovia (Liberia) aus über Togo und Kamerun bis nach Deutsch-Südwestafrika (Swakopmund) weiterzuführen. Die Verlängerung nach Lome (Togo) und Duala (Kamerun) erfolgte im Winter 1912/13; seit dem 20. Januar 1913 sind die beiden kleineren unter den afrikanischen Kolonien Deutschlands durch nationale Kabel mit der Heimat verbunden. Südwestafrika sollte bis 1917 folgen, während für Deutsch-Ostafrika die Frage der unabhängigen Kabelverbindung mit der Heimat noch nicht geklärt war, als der Krieg ausbrach.

Der Ausbruch des Krieges hat nun Deutschland, trotz seiner sorgsamen Vorbereitungen in allen Bestrebungen, von den englischen Kabeln unabhängig zu werden, mit einem Schlage fast aller überseeischen Telegraphenlinien beraubt. Die noch vor wenigen Jahren für undenkbar gehaltene Tatsache, daß England und Rußland jemals im Bunde gegen Deutschland zusammenstehen könnten, hat diesen Mißstand in erster Linie verschuldet, gemeinsam mit dem Umstand, daß die deutschen Kabel im Atlantischen Ozean von den Engländern wenige Stunden nach Kriegsausbruch zerstört wurden — es war dies bezeichnenderweise die erste englische Kriegshandlung überhaupt! — und die einzigen neutralen Überseekabel, die amerikanischen, törichterweise sämtlich auf englischem Boden gelandet, also ohne englische Genehmigung nicht benutzbar waren. So waren denn mit Kriegsausbruch sämtliche außereuropäischen Länder, mit alleiniger Ausnahme von Türkisch-Asien, vom Telegraphenverkehr mit Deutschland abgeschnitten!

Wenn wir unter dieser uns von England zugedachten „Telegraphen-Aushungerung" dennoch nicht annähernd so sehr zu leiden hatten, wie man es anfangs fürchten mußte, so trug einmal der Umstand dazu bei, daß sich über neutrale Länder hinweg bald vielfache Mittel und Wege fanden, um nach und von Übersee, natürlich mit Ausnahme feindlicher Gebiete, Nachrichten gelangen zu lassen. Weiterhin aber haben wir uns während des Krieges in einem nie zuvor für möglich gehaltenen Umfang auch im überseeischen Telegraphenwesen von jedem bösen oder guten Willen unabhängig gemacht — mit Hilfe der Funkentelegraphie.

Den Schluß unserer Vortragsreihe bildete am Samstag, den 13. Februar ein ganz besonders anregender, die gegenwärtigen Verhältnisse vielfach berührender Vortrag, des Herrn Professor Dr. Becker-Bonn über „Die Islam-Politik der Türkei“, in welchem er auch gegen manche irrige Auffassungen in bezug auf die Entstehung des türkischen Chalifats, des Verhältnisses der Türken zu den Arabern, über die Bedeutung des Heiligen Krieges u. a. Stellung nahm.

Kassenbericht pro 1914

Einnahme	Mk.	Pfg.	Ausgabe	Mk.	Pfg.
Vortrag	213	—	Honorare für Redner, Saalmiete, Bedienung von Lichtbild-Apparaten etc.	1257	18
Beitrag des Kais. Statthalters für die Tagung des Deustchen Geographentages 1914	1800	—	Drucksachen	137	45
Jahresbeiträge. Mk. 3897.— abzüglich des an die Deutsche Kolonial-Gesellschaft Berlin überwiesenen Anteils „ 1613.—	2264	—	Porto-Auslagen, Schreib- und Einzugsgebühren	91	45
Diverse Einnahmen	43	50	Vereins- und Denkmalbeiträge	50	20
Zinsvergütung der Rhein. Creditbank, Filiale Straßburg	51	13	Verschiedene Auslagen, Telefongebühren	118	85
			Redaktion und Druckkosten der Festschrift Mitteilungen d. Ges. für 1914	1503	61
			Bestand	1212	89
	4371	63		4371	63

Die Richtigkeit wird bescheinigt.

Straßburg i. E., 3. November 1915.

Dr. Offermann. Dr. Langenbeck.

FSC
www.fsc.org
MIX
Papier | Fördert
gute Waldnutzung
FSC® C083411

Zeitfracht Medien GmbH
Ferdinand-Jühlke-Straße 7
99095 Erfurt, Deutschland
produktsicherheit@kolibri360.de